总译序

感悟大师无穷魅力　品味经典隽永意蕴

美国心理学家查普林与克拉威克在其名著《心理学的体系和理论》中开宗明义地写道："科学的历史是男女科学家及其思想、贡献的故事和留给后世的记录。"这句话明确地指出了推动科学发展的两大动力源头：大师与经典。

一

何谓"大师"？大师乃是"有巨大成就而为人所宗仰的学者"①。大师能够担当大师范、大导师的角色，大师总是导时代之潮流、开风气之先河、奠学科之始基、创一派之学说，大师必须具有伟大的创造、伟大的主张、伟大的思想乃至伟大的情怀。同时，作为卓越的大家，他们的成就和命运通常都与其时代相互激荡。

作为心理学大师还须具备两个特质。首先，心理学大师是"心理世界"的立法者。心理学大师之所以成为大师，在于他们对心理现象背后规律的系统思考与科学论证。诚然，人类是理性的存在，是具有思维能力的高等动物，千百年来无论是习以为常的简单生理心理现象，还是诡谲多变的复杂社会心理现象，都会引发一般大众的思考。但心理学大师与一般人不同，他们的思考关涉到心理现象背后深层次的、普遍性的与高度抽象的规律。这些思考成果或试图揭示出寓于自

① 《辞海（缩印本）》，275页，上海，上海辞书出版社，2002。

然与社会情境中的心理现象的本质内涵与发生方式；或企图诠释某一心理现象对人类自身发展与未来命运的意义和影响；抑或旨在剥离出心理现象背后的特殊运作机制，并将其有意识地推广应用到日常生活的方方面面。他们把普通人对心理现象的认识与反思进行提炼和升华，形成高度凝练且具有内在逻辑联系的思想体系。因此，他们的真知灼见和理论观点，不仅深深地影响了心理科学发展的命运，而且更是影响到人类对自身的认识。当然，心理学大师的思考又是具有独特性与创造性的。大师在面对各种复杂心理现象时，他们的脑海里肯定存在“某种东西”。他们显然不能在心智“白板”状态下去观察或发现心理现象背后蕴藏的规律。我们不得不承认，所谓的心理学规律其实就是心理学大师作为观察主体而“建构”的结果。比如，对于同一种心理现象，心理学大师们往往会做出不同的甚至截然相反的解释与论证。这绝不是纯粹认识论与方法论的分歧，而是对心灵本体论的承诺与信仰的不同，是他们所理解的心理世界本质的不同。我们在此借用康德的名言“人的理性为自然立法”，同样，心理学大师是用理性为心理世界立法。

其次，心理学大师是“在世之在”的思想家。在许多人看来，心理学大师可能是冷傲、孤僻、神秘、不合流俗、远离尘世的代名词，他们仿佛背负着真理的十字架，与现实格格不入，不食人间烟火。的确，大师们志趣不俗，能够在一定程度上超脱日常柴米油盐的束缚，远离俗世功名利禄的诱惑，在以宏伟博大的人文情怀与永不枯竭的精神力量投身于实现古希腊德尔菲神庙上“认识你自己”之伟大箴言的同时，也凸显出其不拘一格的真性情、真风骨与真人格。大凡心理学大师，其身心往往有过独特的经历和感受，使之处于一种特别的精神状态之中，由此而产生的灵感和顿悟，往往成为其心理学理论与实践的源头活水。然而，心理学大师毕竟不是超人，也不是神人。他们无不成长于特定历史的社会与文化背景之下，生活在人群之中，并感受着平常人的喜怒哀乐，体验着人间的世态炎凉。他们中的大多数人或许就像牛顿描绘的那般："我不知道世上的人对我怎样评价。我却这样认为：我好像是在海上玩耍，时而发现了一个光滑的石子儿，时而发现一个美丽的贝壳而为之高兴的孩子。尽管如此，那真理的海洋还神秘地展现在我们面前。"因此，心理学大师虽然是一群在日常生活中特立独行的思想家，但套用哲学家海德格尔的话，他们依旧都是"活生生"的"在世之在"。

二

那么，又何谓"经典"呢？经典乃指古今中外各个知识领域中"最重要的、有指导作用的权威著作"①。经典是具有原创性和典范性的经久不衰的传世之作，是经过历史筛选出来的最有价值性、最具代表性和最富完美性的作品。经典通常经历了时间的考验，超越了时代的界限，具有永恒的魅力，其价值历久而弥新。对经典的传承，是一个民族、一种文化、一门学科长盛不衰、继往开来之根本，是其推陈出新、开拓创新之源头。只有在经典的引领下，一个民族、一种文化、一门学科才能焕发出无限活力，不断发展壮大。

心理学经典在学术性与思想性上还应具有如下三个特征。首先，从本体特征上看，心理学经典是原创性文本与独特性阐释的结合。经典通过个人独特的世界观和不可重复的创造，凸显出深厚的文化积淀和理论内涵，提出一些心理与行为的根本性问题。它们与特定历史时期鲜活的时代感以及当下意识交融在一起，富有原创性和持久的震撼力，从而形成重要的思想文化传统。同时，心理学经典是心理学大师与他们所阐释的文本之间互动的产物。其次，从存在形态上看，心理

① 《辞海（缩印本）》，852页。

学经典具有开放性、超越性和多元性的特征。经典作为心理学大师的精神个体和学术原创世界的结晶，诉诸心理学大师主体性的发挥，是公众话语与个人言说、理性与感性、意识与无意识相结合的产物。最后，从价值定位上看，心理学经典一定是某个心理学流派、分支学科或研究取向的象征符号。诸如冯特之于实验心理学，布伦塔诺之于意动心理学，弗洛伊德之于精神分析，杜威之于机能主义，华生之于行为主义，苛勒之于格式塔心理学，马斯洛之于人本主义，桑代克之于教育心理学，乔姆斯基之于语言心理学，奥尔波特之于人格心理学，吉布森之于生态心理学，等等，他们的经典作品都远远超越了其个人意义，上升成为一个学派、分支或取向，甚至是整个心理科学的共同经典。

三

这套“西方心理学大师经典译丛”遵循如下选书原则：第一，选择每位心理学大师的原创之作；第二，选择每位心理学大师的奠基、成熟或最具代表性之作；第三，选择在心理学史上产生过重要影响的一派、一说、一家之作；第四，兼顾选择心理学大师的理论研究和应用研究之作。我们策划这套“西方心理学大师经典译丛”，旨在推动学科自身发展和促进个人成长。

1879 年，冯特在德国莱比锡大学创立了世界上第一个心理学实验室，标志着心理学成为一门独立的学科。在此后的 130 多年中，心理学得到迅速发展和广泛传播。我国心理学从西方移植而来，这种移植过程延续已达百年之久[①]，至今仍未结束。尽管我国心理学近年取得了长足发展，但一个不争的事实是，我国心理学在总体上还是西方取向的，尚未取得突破性的创新成果，还不能解决社会发展中遇到的

① 在 20 世纪五六十年代，我国心理学曾一度移植苏联心理学。

重大问题，还未形成系统化的中国本土心理学体系。我国心理学在这个方面远没有赶上苏联心理学，苏联心理学家曾创建了不同于西方国家的心理学体系，至今仍有一定的影响。我国心理学的发展究竟何去何从？如何结合中国文化推进心理学本土化的进程？又该如何进行具体研究？当然，这些问题的解决绝非一朝一夕能够做到。但我们可以重读西方心理学大师们的经典作品，以强化我国心理学研究的理论自觉。“他山之石，可以攻玉。”大师们的经典作品都是对一个时代学科成果的系统总结，是创立思想学派或提出理论学说的扛鼎之作，我们可以从中汲取大师们的学术智慧和创新精神，做到冯友兰先生所说的，在“照着讲”的基础上“接着讲”。

心理学是研究人自身的科学，可以提供帮助人们合理调节身心的科学知识。在日常生活中，即使最坚强的人也会遇到难以解决的心理问题。用存在主义的话来说，我们每个人都存在本体论焦虑。“我是谁，我从哪里来，我将向何处去?”这一哈姆雷特式的命题无时无刻不在困扰着人们。特别是在社会飞速发展的今天，生活节奏日益加快，新的人生观与价值观不断涌现，各种压力和冲突持续而严重地撞击着人们脆弱的心灵，人们比以往任何时候都更迫切地需要心理学知识。可幸的是，心理学大师们在其经典著作中直接或间接地给出了对这些生存困境的回答。古人云：“读万卷书，行万里路。”通过对话大师与解读经典，我们可以参悟大师们的人生智慧，激扬自己的思绪，逐步找寻到自我的人生价值。这套“西方心理学大师经典译丛”可以让我们获得两方面的心理成长：一是调适性成长，即学会如何正确看待周围世界，悦纳自己，化解情绪冲突，减轻沉重的心理负荷，实现内心世界的和谐；二是发展性成长，即能够客观认识自己的能力和特长，确立明确的生活目标，发挥主动性和创造性，快乐而有效地学习、工作和生活。

我们相信，通过阅读大师经典，广大读者能够与心理学大师进行亲密接触和直接对话，体验大师的心路历程，领会大师的创新精神，与大师的成长并肩同行！

郭本禹

2013 年 7 月 30 日

于南京师范大学

译者前言

一、阿德勒的主要生平

阿尔弗雷德·阿德勒（Alfred Adler）是与弗洛伊德同时代的精神分析学家、个体心理学的创始人，他与弗洛伊德和荣格一起被人们并称为深蕴心理学的三大奠基人。阿德勒于 1870 年 2 月 17 日出生在维也纳近郊的一个谷物商人犹太家庭，从小生活安逸，物质条件相对富裕，但优越的家庭环境并没有给他带来快乐的童年。阿德勒的童年生活多灾多难，他从小患有软骨病，身体活动不便，直到 4 岁时才学会走路。4 岁时遭遇躺在自己身边的弟弟死亡，5 岁时又因患上严重肺炎而差点丧命，后来在街上玩耍时又被车撞伤过两次。这些不幸经历使得年幼的阿德勒在心理上始终笼罩着对死亡的恐惧和对自己软弱无力的愤怒。因此，他从小便立志长大后要做一名医生，以更好地抵御死亡的危险。

阿德勒在家庭六兄妹中排行第二，有一个表现很出色的哥哥，这对他的生活产生了很大影响，因为他总是觉得自己生活在哥哥的影子之下。由于幼年患病，阿德勒有点驼背，而且身材矮小，相貌平平，这使他在健壮英俊的哥哥面前总感到深深的自卑。1879 年，9 岁的阿德勒进入弗洛伊德 14 年前就读过的一所相当好的高级文科中学。他最初在学校时成绩平平，后来在父亲的不断鼓励下，通过自己的勤奋努力，终于成为班上成绩最好的学生之一。这些童年时代的经历对他日后心理学思想的形成产生了巨大影响，他后来提出克服自卑感和追求优越是人格发展的动力，与他本人的早年经历有着密切关系。

1888 年，阿德勒以优异的成绩考入维也纳医学院，实现了他童年时的抱负。1895 年，他获得医学博士学位。次年 4 月，他被派往一所军队医院继续服完他剩下的半年义务兵役。然后回到维也纳医院工作，先后做过眼科、全科和神经科医生。1897 年，阿德勒迎娶俄国富家姑娘罗莎（Raissa Epstein）。婚后育有四个孩子，长女瓦伦丁（Valentine）成为一名社会和政治活动家，次女亚历山大（Alexandra）和儿子库尔特（Kurt）继承了他的个体心理学事业，小女儿科妮莉亚（Cornelia）是一名画家。

阿德勒早年就对哲学和政治学特别是社会主义者和马克思的思想感兴趣，他确实支持过社会主义的观点，比如需要改善穷人的生活环境。1898 年，他撰写了一本题为《裁缝行业的健康手册》（*Health Manual for the Tailoring Trade*）的小册子，抨击了裁缝行业的劳动条件以及工人和其家人的生活条件。他还提出了改善措施，要求改善住房供给，并限制每周的工作时间。1899 年，他针对中下层社会人群，在维也纳布雷特公园附近开设了一家私人诊所。他发现，这些富有创造力的人们尽管身体上带有缺陷，但却不断地寻求超越。这给他的思想以极大的启发。阿德勒来自俄国的夫人罗莎是一位坚定的社会主义者，1909 年，她引介阿德勒结识了流亡在维也纳的俄国革命家托洛茨基（Leon Trotsky）和斯柯别列夫（Matvey Ivanovich Skobelev），并与他们建立亲密关系。他们一起加强了阿德勒对社会主义的认识，以至于他在 1909 年向维也纳精神分析协会提交了一篇题为《论马克思的心理学》的论文。此后，阿德勒一直积极参加维也纳的社会民主党的活动。1918 年在瑞士的《国际评论》上发表《布尔什维主义与心理学》。1923 年，他在社会民主党刊物《劳动报》上发表一篇文章，尝试将马克思主义与个体心理学进行整合。显然，这一努力是不成功的。阿德勒终究没有成为一名社会主义者，但可以算是一位人道主义者。

1900年，维也纳的《新自由报》发表了一篇文章，抨击弗洛伊德的《梦的解析》一书。阿德勒细读该书后发觉很有价值，并写信给该报公开声援弗洛伊德。弗洛伊德深为感激，邀请他参加“星期三精神分析讨论会”，阿德勒便成为弗洛伊德最早的同事之一，与弗洛伊德度过十年的合作时期。[①] 1907年，阿德勒出版《器官缺陷及其心理补偿的研究》一书，受到弗洛伊德和精神分析协会同事的赞誉。由于他的杰出表现，弗洛伊德对其赞赏有加。1910年，在弗洛伊德的推荐下，阿德勒担任维也纳精神分析协会第一任主席，并负责该协会刊物《精神分析杂志》的编辑工作。但到1911年，阿德勒因公开反对弗洛伊德的性本能说，强调社会因素的作用，走向与弗洛伊德决裂，率领他的追随者退出了维也纳精神分析协会，另行组建了“自由精神分析研究会”。由于“精神分析”一词已被弗洛伊德使用，1912年，他又更名为“个体心理学协会”。从此，阿德勒致力于发展和实践其个体心理学思想，两人再没有见过面。

第一次世界大战期间，阿德勒曾在奥地利军队服役。在这期间，他孕育了新的思想，提出“社会兴趣”这一重要概念，并将自己的全部精力都投入到探索发展人类的“社会兴趣”的途径上，希望通过培养人类的社会兴趣来避免战争悲剧的重演。同时，他还将工作重心转向实际应用，力图通过实践来发展其个体心理学。战后的维也纳已由社会民主党掌权。在市政府的要求下，阿德勒和他的同事在维也纳建立起多个儿童指导诊所，指导问题儿童解决学习和生活问题，同时还对教师和家长进行培训。20世纪20年代，阿德勒已经吸引了众多追随者，许多人到维也纳学习个体心理学。从1922年到1930年，他主

① 阿德勒一直拒绝人们认为他是弗洛伊德的门生，因为他从来没有正式做过弗洛伊德的学生，也没有上过他的课，更没有接受过他的任何分析，而这些都是一个人想要成为弗洛伊德式的精神分析学家所必须经历的。

持召开了五次国际个体心理学大会，个体心理学的发展达到了鼎盛时期。与此同时，阿德勒受到欧洲各国邀请，频繁地在各地演讲。1926年，阿德勒应邀访美并受到了热烈欢迎。1927年，他担任哥伦比亚大学客座教授。1932年，他出任纽约长岛医学院教授。1935年，由于纳粹的迫害，阿德勒决定永久定居美国。同年，他创办了《国际个体心理学杂志》(*International Journal of Individual Psychology*)。1937年5月28日，阿德勒应邀去欧洲讲学，终因过度劳累，心脏病突发，猝死于苏格兰的阿伯丁，享年67岁。在他逝世的时候，阿德勒已成为人们获得实际帮助的非常受欢迎的源泉。他的著作曾跻身于畅销书排行榜，他的演讲稿在欧洲和美国销售一空。他一生对积累财富或创立学派不感兴趣，感兴趣的是让这个世界变得更美好。

二、阿德勒的基本著作

阿德勒一生精力充沛，努力工作，勤于著述，发表论文、出版著作300余种。除了早期的《器官缺陷及其心理补偿的研究：对临床医学的贡献》(*Study of Organ Inferiority and Its Psychical compensation*：*A Contribution to Clinical Medicine*)一书专业性较强外，阿德勒的作品大都通俗易懂，简明生动。他的主要著作有：《神经症性格：个体心理学与心理治疗基础》(*Neurotic Character*：*Fundamentals of Individual Psychology and Psychotherapy*，1912)[①]、《治疗与教育》(德文版，1914)、《另一面：集体内疚的社会心理学研究》(德文版，1919)、《个体心理学的实践与理论》(德文版，1920；*The Practice and Theory of Individual Psychology*，1925)、《理解人性》(*Understanding Human Nature*，1927)[②]、《R小姐的案例：生

① 该书早期英译本为 *The Neurotic Constitution*：*Outline of A Comparative Individualist Psychology and Psychotherapy*(《神经症形成：一种比较的个体心理学与心理治疗》)。

② Colin Brett 的英译本副标题为“*The Psychology of Personality*”；W. Beran Wolfe 的英译本的副标题为“*A Key to Self-Knowledge*”。

活故事的解读》（*The Case of Miss R.*：*The Interpretation of a Life Story*，1928）、《生活的科学》（*The Science of Living*，1929）、《神经症问题：病例史手册》（*Problems of Neurosis*：*A Book of Case Histories*，1929）、《学校中的个体心理学：对教师和教育家的演讲》（德文版，1929）、《生活的类型》（*The Pattern of Life*，1930）、《指导儿童：论个体心理学原理》（*Guiding the Child*：*On The Principles of Individual Psychology*，1930）、《问题儿童》（德文版，1930）、《儿童的教育》（*The Education of Children*，1930）[①]、《自卑与超越》[②]（*What Life Should Mean to You*，1931）、《社会兴趣》（德文版，1933）、《生活的意义》（德文版，1933）、《宗教与个体心理学》（德文版，1933）等。

在阿德勒逝世后，其后继者们将他生前未发表的讲稿、手稿以及发表过的文章编辑成册，陆续出版。以英文出版的阿德勒单行本著作主要有：《阿德勒的个体心理学：从其著作中选辑的系统表述》（*The Individual Psychology of Alfred Adler*：*A Systematic Presentation in Selections from His Writings*，1956）、《个体的教育》（*The Education of the Individual*，1958）《问题儿童：作为在特殊案例中分析的困难儿童的生活风格》（*The Problem Child*：*The Life Style of the Difficult Child as Analyzed in Specific Cases*，1963）、《社会兴趣：人类的挑战》（*Social Interest*：*A Challenge to Mankind*，1964）、《优越与社会兴趣：后期著作选辑》（*Superiority and Social Interest*：*A Collection of Later Writings*，1964）、《两性之间的合作：关于妇女、爱情、婚姻及其障碍的著作》（*Cooperation Between the Sexes*：*Writings on Women*，*Love*，*Marriage & Its Disorders*，

---

① 1937 年，商务印书馆出版该书的中译本《儿童教育》；1940 年，中华书局出版该书另一中译本《儿童之教育》。

② 国内又译《超越自卑》或《挑战自卑》。

1978)、《阿德勒演说：阿尔弗雷德·阿德勒的讲稿》(*Adler Speaks：The Lectures of Alfred Adler*，2004)、《理解生活风格：阿德勒心理学导论》(*Understanding Life：An Introduction to the Psychology of Alfred Adler*，2009)、《社会兴趣：阿德勒对生活意义的答案》(*Social Interest：Adler's Key to the Meaning of Life*，2009)、《关于合作与捐献的儿童教育》(*Educating Children for Cooperation & Contribution*，volume Ⅰ，Ⅱ，2009)。

当然，最重要的工作还是斯特恩（Henry T. Stein）领导的“经典阿德勒翻译项目”（Classical Adlerian Translation Project），该项目历时 15 年时间，将阿德勒的论著进行重新翻译、整理并编辑为 12 卷《阿尔弗雷德·阿德勒的临床著作选集》（*The Collected Clinical Works of Alfred Adler*，2002—2006），这套选集包括了阿德勒自 1898 年到 1937 年的所有临床心理学著作、小册子、200 多篇杂志文章以及未公开出版的手稿。选集按照编年体编排，以便于读者了解阿德勒是如何将他的人格模型、心理病理学理论、干预原则、心理治疗技术和生活的哲学逐渐整合成一种系统的理论体系的。

阿德勒的著作在其生前就以德语和英语两种语言出版，后来又被翻译成法语、西班牙语、荷兰语、意大利语、希伯来语、俄语、土耳其语、塞尔维亚语、汉语、日语、韩语等多种文字出版。

三、本书的主要观点

《自卑与超越》与《理解人性》和《生活的科学》两本书一样，都是阿德勒最为畅销的作品。《自卑与超越》多年来不断再版，最新版重印于 2010 年。它一出版就受到好评，例如刊登在《纽约时报》的一篇书评指出：“这本书和《理解人性》一样浅显易懂，笔法通俗，语言简洁。人类生活在意义的国度里，生活的意义是对同伴发生兴趣。个人作为团体的一分子，对人类幸福做出贡献。生活是富于创造性的过程，假使我们每个人都以合作的方式面对生活，人类社会的进步必然永无止境。生活真正的意义在于，接纳并分享他人的活动，善于合作、甘于奉献，恰当使用‘追求优越’的心理动力以补偿与生俱来的自卑感。虽然阿德勒已是我们熟知的最优秀的心理学家，但是他没有用学术的语言描写一本晦涩难懂的书，和之前的作品一样依旧朗朗上口。”①

《自卑与超越》作为阿德勒的后期作品，比较系统地体现了其个体心理学的基本观点。尽管这是一本从个体心理学观点出发来阐明人生意义的通俗性读物，但却蕴涵着深刻的哲理和极大的实践价值。全书共分十二章，分别论述了十二个主题，即生活的意义、心灵与肉体、自卑感与优越感、早期记忆、梦、家庭影响、学校影响、青春期、犯罪及其预防、职业、人类与同伴以及爱情与婚姻等主题。他围绕这些主题着重阐述了自卑感的形成及其对个人成长的影响，个人如何超越自卑感，如何将自卑感转变为对优越感的恰当追求以取得成就。

阿德勒在书中指出，生活的意义在于奉献，在于对他人产生兴趣和相互合作。只有那些对他人产生兴趣而又决心要对社会有所贡献的人，才能使自己鼓起勇气向前迈进，从而超越自卑。在所有心理现象中，最能显示生活奥秘的是个体的早期记忆。早期记忆之所以特别重要，不仅是因为它是一个人的生活目标和对生活的基本态度，还为其以后的生活和选择提供了追溯线索。梦是人类心灵创造活动的一部分，梦的功用在于解决生活中遇到的问题。每个人都与社会紧密联系在一起，人类生活在社会的“意义场”之中。职业选择、社会交往和爱情婚姻是每个人在生活中必须要面对的三大基本问题。生活的意义不是为了追求个人的优越，而是在于渴望建立美好生活的需要以及如何满足人类和谐友好的生活。

---

① 转引自 Hoffman，E.，*The Drive for Self：Alfred Adler and the Fundamentals of Individual Psychology*，Addison-Wesley，1994，p. 275。

与弗洛伊德强调性本能是人类行为的动力观迥然不同，阿德勒运用自卑感、优越性、虚构目标和社会兴趣来描述人类行为的动力特征。他认为人类天生就具有自卑情结，这种普遍存在的自卑感是个体行为的产生与发展的最原始的决定力量。个体在自卑感推动下不断弥补不足、不断寻求优越和完善。虽然每个人追求的目标不尽相同，但都有一个共同的特征即不断克服自卑和追求优越。个体在追求优越的同时形成了自身的生活风格。生活风格是个体存在的独特方式，是统一的自我在社会生活中寻求表现的独特方式。一个心理健康的个体会形成正确的生活风格，表现出对社会的关注，发展自身的社会兴趣。社会兴趣作为一种潜能根植于每个人身上，它不仅只是对亲人、友人的情感，还可以扩展到社会乃至整个宇宙。个体能否完满地解决生活中的职业、社交、爱情婚姻三大基本问题，反映了他的社会兴趣是否得到充分发展。

然而，并不是所有人都能够超越自卑，其关键在于如何正确地理解生活的意义，如何正确地处理人生的三个基本问题。那些自幼就患有器官缺陷或者被娇纵、受忽视的儿童，在以后的生活中很容易形成错误的生活风格，走上错误的道路；家长和教师应该培养儿童对他人和社会的兴趣，使他们真正认识到“奉献乃是生活的真正意义”。这样，他们才能够从自卑走向超越，对社会有所奉献，实现人生的价值。

在一定意义上说，阿德勒本人的成长史就是一部个体心理学的发展史，他的人生是其个体心理学思想的最完美诠释。他终生都在战胜自卑，追求优越，创造自我，奉献社会。他不单纯是在建立一种个体心理学的理论体系或一个学派，他的工作目标更是要塑造一个独特完整的人，引导人们克服自卑与困难，追求至善至美，寻找人生和生活的真谛。阿德勒带给人们的是一种对生活的理解和对生活的态度，他坚持乐观向上的人性观，指导人们形成自己独特的生活风格，帮助人们铸就一种有创造力的自我，努力激发人们关爱他人和关心社会。他的宏伟蓝图就是希望所有人都能了解“生活中的心理学”，希望所有的父母都以民主和鼓励的方式教育孩子，希望所有的教师都积极地培养学生的自信心、自尊心和自豪感，希望所有的儿童都能健康快乐地成长。

四、阿德勒的思想传播

阿德勒创立的个体心理学在其身后不仅没有湮没在历史红尘中，而且随着时间的推移，越来越发出夺目的光彩。薪火相传，生生不息。一场声势浩大的阿德勒运动（The Adlerian Movement）早已形成，安斯巴切（Heinz Ansbacher）在30多年前就描述过这一运动的盛况：“当今在美国、加拿大和欧洲各国尤其是在德国，阿德勒运动的成员已达数千人。组成这一运动的主要是精神病学家、心理学家、社会工作者、心理咨询师、教育者以及接受这种理论并把阿德勒心理学方法应用于家庭和个人发展的普通民众。”①

阿德勒在美国的个体心理学事业一方面由女儿亚历山大和儿子库尔特继承发展，另一方面也由德雷克斯（Rudolf Dreikurs）和安斯巴切等人继续发扬光大。德雷克斯成为自阿德勒之后著名的个体心理学领导者，他在美国帮助创办阿德勒学派的组织和杂志，在芝加哥建立儿童指导中心，在多国从事个体心理学的培训工作。此外，还有很多个体心理学家在世界各地传播和发展阿德勒的个体心理学思想，他们通过创办刊物、出版著作、建立儿童指导中心、培训学员、举办讲座等形式，使阿德勒的思想在世界各地得到了进一步的弘扬和发展。现在人们通常将阿德勒逝世之后的个体心理学家称为“后阿德勒学派”。安斯巴切不赞成像称呼“新弗洛伊德学派”那样称后阿德勒学派为

---

① 转引自Corsoni, R. J. (Ed.), *Current Personality Theories*, Peacock Publishers, 1972, p. 49。

“新阿德勒学派”，因为新弗洛伊德学派主要是在反对弗洛伊德学说的基础上形成的，而后阿德勒学派不反对阿德勒学说，只是进一步发展和推广他的个体心理学。①

后阿德勒学派的学者对阿德勒个体心理学中的自卑感、生活风格、社会兴趣、创造性自我、出生顺序等学说做了不同程度的完善和发展，并进行了很多实证研究，以验证其科学性。

莫萨克（H. Mosak）和马尼亚奇（M. Maniacci）认为，自卑是客观的，并且是可以测量的；自卑感具有整体性和主观性，与实际的自卑并不相关。当个体对自我的认知达不到自我理想、世界观以及伦理信念的要求时，就会产生自卑感。自卑情结是自卑感的行为表现。自卑情结有正常和精神病理两种类型。正常的自卑不会在生活的任务中起干涉作用，精神病理的自卑情结则限制了功能器官发挥作用，干涉了生活的任务。任何人任何时候都会遇到自卑的情况，如何处理这种自卑感就变成了问题的关键。莫萨克认为生活风格包括四个部分：自我概念，或者视自我“如斯”；自我理想，或者个人想要成为的自我；世界的图景，即关于在自我之外事情为何如此进展的个人模式；个人的伦理信念。兰伯蒂（D. Lombardi）认为，生活风格普遍存在于统一自我的所有方面，其外部表征明显存在于人格特质中。生活风格是人们用来获得成就感或者体会在世感的策略，也是人们看待自己和他人以及适应生活的一种有组织的一贯方式。格兰德尔（J. Crandall）曾编过一个信度和效度都较高的社会兴趣测验来验证阿德勒的观点。他得出的结论认为，高社会兴趣的个体与低社会兴趣的个体相比，很少以自我为中心，较少敌视和挑衅他人，有更强的合作和互助意识。里克（G. Leak）等人运用社会兴趣多项测量方法进行研究，

---

① 参见 Ansbacher, H. L., & Ansbacher, R., *The individual Psychology of Alfred Adler: A Systematic Presentation in Selections from His Writings*, Basic Books, New York, 1956, p. 17。

发现具有较高社会兴趣的人认为生活的目标不是赚很多钱，而是拥有一个快乐的家庭、成为社会领袖、为消除社会和经济不平等而努力等。赫尔（C. S. Hall）和林德基（G. Lindzey）把阿德勒的创造性自我看作是阿德勒“作为人格理论家所取得的最辉煌的成就”，他们认为，创造性自我可以使个人的人格和谐、统一，形成个体的独特性，它是人类生活的积极原则。查琼克（R. Zajonc）以阿德勒的出生顺序学说点为基础提出了家庭影响的聚集模式（confluence model）来解释长子比后来的孩子智力更高的原因。该模式认为，家庭环境既可以促进也可能阻碍孩子的智力发展。在其他孩子出生之前，长子主要与成人交往，处在一个成人化的语言环境中。之后出生的孩子主要与兄弟姐妹们交往，很少接触到这些成人化的语言，很少目睹成人交往中抽象思维的形成过程。与此同时，掌握了语言的长子会延伸出教师的角色，家长期望他们在各种活动中能教导技能较少的弟弟妹妹们，这样他们必须懂得更多，由此促进了其智力的发展。年龄小的孩子通常没有资历来教导哥哥姐姐，缺少教育别人的机会，因此智力发展不快。

后阿德勒学派成员对阿德勒的心理治疗技术进行了更大的改进。后阿德勒学派的心理治疗是一种成长模式，形成了短程治疗、团体治疗、游戏治疗、婚姻和家庭治疗等多种治疗形式。早在20世纪20年代，德雷克斯就引入了团体治疗，并且开辟了配偶共存治疗的先河，家庭治疗是纳粹占领前维也纳学派提出的公共家庭咨询的一个重要辅助手段。40时代，德雷克斯提出了心理治疗的“两次谈话”方法，50年代又提出了音乐治疗方法，并在治疗中把“心理剧”和阿德勒的个体治疗方法结合起来。斯特恩就阿德勒心理治疗的四步法进行了完善和补充，提出了十二步法。当代的阿德勒治疗具有极强的渗透性，整合了认知、系统化、存在主义和心理动力学的观点，并且将认知、认知—行为、理性—情绪、建构主义、焦点解决及社会建构主义方法联系在一起，从而既可以在多种环境，如私人诊所、住院和门诊环境、学校中，也可以在多种模式，如一对一、群体、家庭中发挥作用。尽管今天明确声称属于“阿德勒学派”的治疗师的人数并不多，但阿德勒的观点和技术已经微妙而又悄无声息地渗入当今许多咨询取向中，以至于我们“不应问某人是否属于阿德勒学派，而应说某人隶属阿德勒学派的程度”。

后阿德勒学派成员还通过成立学会、建立研究所、发行刊物、举办会议等形式，在世界各地进一步传播和发展阿德勒的个体心理学思想。自阿德勒创立个体心理学协会以后，其分支机构迅速发展到欧洲各个国家，第二次世界大战爆发后，随着阿德勒到美国定居，个体心理学发展的中心转移到了美国。经过几代个体心理学家的努力，现在个体心理学的组织机构和培训机构得到蓬勃发展，多达数百个，遍布世界各地。

目前，个体心理学的国际组织主要是阿德勒于1922年成立的国际个体心理学协会（International Association of Individual Psychology，IAIP），其会员组织遍布北美洲、欧洲、南美洲和亚洲等。国际个体心理学协会旨在将全世界的个体心理学组织机构联合起来，通过国际团体促进各地的组织机构开展国际对话、合作和共同研究，进一步促进和推动个体心理学的理论、研究和应用的发展。国际个体心理学协会主要通过国际个体心理学大会（International Congress of Individual Psychology，ICIP）开展活动。国际个体心理学大会是阿德勒的追随者开展交流和研究的国际性组织，现在每3年举行一次大会。第25届ICIP于2011年7月在维也纳举办，正值个体心理学建立100周年，大会主题定为“分离、创伤和发展”，这似乎代表着个体心理学的百年发展历程。

个体心理学的分支组织机构遍布世界各国，欧洲的奥地利、英国、法国、德国、意大利、荷兰、瑞士、希腊、匈牙利、立陶宛、罗马尼亚、卢森堡、马耳他等国均建有个体心理学的分支组织机构，北美的美国和加拿大、南美的巴西和乌拉圭、亚洲的日本等也都建有分支组织机构。当前美国仍是个体心理学发展的重镇，拥有个体心理学发展的最强大阵营。美国的个体心理学分支组织机构和培训机构有上百个，其中北美阿德勒心理学协会（North American Society of Adlerian Psychology）、纽约阿尔弗雷德·阿德勒研究所（Alfred Adler Institute of New York）、阿德勒职业心理学院（Adler School of Professional Psychology）[①]的影响力最大。

目前，个体心理学期刊有几十种，如国际个体心理学大会会刊《国际个体心理学和比较研究杂志》（*International Journal of Individual Psychology and Comparative Studies*），美国的《个体心理学杂志》（*Journal of Individual Psychology*）、《个体心理学：阿德勒学派的理论、研究与实践》（*Individual Psychology*：*Journal of Adlerian Theory*，*Research and Practice*），英国的《个体心理学时事通讯》（*Individual Psychology News Letter*）、《ASIIP 年鉴》（*The ASIIP Year Book*），法国的《法国阿德勒心理学协会通报》（*Bulletin de la Société Française de Psychologie Adlérienne*），意大利的《个体心理学杂志》（*Zeitschrift für Individuapsychologie*）等。

五、阿德勒的历史影响

阿德勒一直努力表明："个体心理学是所有旨在促进人类福祉的伟大运动的嗣子。尽管它的科学基础有义务使它具有一定的不妥协性，但是它也渴望接受所有知识和经验领域的启发，并反过来启发它们。"[②] 他还希望，"每个个体心理学的学者都要尽可能充分地获得其他心理学体系的知识……任何没有偏见的批评者都必须承认，内省主

① 这是一所经过认证的研究生院，颁发咨询专业的硕士、博士学位。

② 转引自 Ansbacher，H. L.，& Ansbacher，R.，*The individual Psychology of Alfred Adler*：*A Systematic Presentation in Selections from His Writings*，p. 463。

义、精神分析、机能主义、行为主义、目的论、反射学和格式塔心理学都曾经做出过有价值的贡献。但对个体心理学也必须要说同样的话”①。这表明阿德勒对自己的理论并不闭关自守，而是坚持一种宽泛的折中主义态度。用他自己的话说，“我们绝不倡导弱折中主义”。可以说，阿德勒的个体心理学体系具有开放性，这样它所探讨的人类心理现象就更具有广泛性，也与后来出现的各种心理学理论和方法更具有关联性或相通性。索恩（F. Theorne）指出：“阿德勒比弗洛伊德关注的行为更为广泛，同时比荣格的神秘主义更为实用……从历史意义上说，保持这样的记录是重要的，即直接将阿德勒奉为创建各种心理学理论的先驱。”②艾伦伯格（Ellenberger）说得更为直接：“像阿德勒这样四处被抄袭却从未为得到他人的致意的人并不多见。他的学说已变成一句法国方言所形容的‘公共广场’，任何一个人都可以进入并取走任何东西却都不会感到羞愧。某位作者可能害怕而谨慎地表明自己由他处所引用的任何文字。但是，一旦来源是个体心理学，他的做法就绝非如此；情况变得似乎是，阿德勒从来未贡献过任何独创性的东西。”③ 阿德勒创立的个体心理学思想一个世纪以来，在心理学界、临床治疗界和教育界都产生了广泛而深远的影响。

（一）开辟了心理学的新天地

阿德勒把人看作由统一目标所指引、克服自卑、追求优越、有着无限社会兴趣潜能的人，有意识主动地面向现实与社会而积极参与的人。正因为他把人从总体上看作一个社会的人，他的个体心理学也就是一种社会心理学，把人的一切行为放在社会含义上加以理解。他在其心理学体系中强调并引入被主流心理学极力回避的“意义”、“价值”、“责任”、“自由选择”与“生活理想”等概念，这就使他很自然

---

① 转引自 Corsoni，R. J.（Ed.），*Current Personality Theories*，p. 72。

② 同上。

③ Henri F. Ellenberger，*The Discovery of the Unconscious*：*The History and Evolution of Dynamic Psychiatry*，Basic Books，New York，1970，p. 646.

地走上了一条沿着社会科学和人文学方向发展的心理学道路，成为人文主义心理学的先驱。[①] 梅森（Matson）指出："阿德勒的影响……似乎并不比弗洛伊德少多少……阿德勒在1911年所独立从事的工作，预期并鼓舞了新弗洛伊德学派、精神分析的自我心理学、来访者中心疗法、存在心理学与当代人格理论的兴盛发展。"[②] 阿德勒的个体心理学推动了精神分析运动的进一步发展，也是人本主义心理学、存在心理学和积极心理学的重要思想来源。

第一，对精神分析的影响。个体心理学理论中的一些思想观点为古典精神分析学的进一步发展提供了最有价值的种子，影响了精神分析运动内外两个方向的发展。首先，个体心理学提高了自我在精神分析中的地位，使自我成为精神分析研究的重要内容，为哈特曼（Heinz Hartman）、埃里克森（Erik Erikson）等人进一步系统地提出自我心理学理论奠定了思想基础。法恩（R. Fine）指出："阿德勒的一些看法代表了一种萌芽时期的自我心理学。"[③] 其次，个体心理学扭转了精神分析的方向，使精神分析不再依赖于自然的生物因素，而是强调人的社会性和社会因素的作用，开创了精神分析社会文化取向的先河。正如舒尔茨（D. Schults）所指出的："阿德勒提出了关于人的一种更令人满意和乐观的概念。他强调了社会因素的重要性……这种态度加强了已经增长着的对社会科学的兴趣，也加强了更为传统的精神分析开始重新确定研究方向，以便使它的原则更能应用于不同文化条件下的不同的行为方面。"[④] 社会文化学派的著名代表人物霍妮（Karen Horney）在谈及"追求优越"时承认自己得益于

① 参见沈德灿：《精神分析心理学》，223页，杭州，浙江教育出版社，2005。

② Matson, F. W., *The Broke Image*: *Man, Science and Society*, Anchor, New York, 1964, p. 194.

③ Fine, R., *A History of Psychoanalysis*, Columbia University Press, New York 1979, p. 81.

④ ［美］舒尔茨：《现代心理学史》，371页，北京，人民教育出版社，1981。

阿德勒，认为阿德勒在精神分析学家中最先把“追求优越”看作一种综合现象，并且指出了它在神经症中的重大意义。

第二，对人本主义心理学的影响。阿德勒提出“创造性自我”概念，强调个人可以通过主观努力改造人格，通过创造性选择使人确立某种生活态度，并坚持未来目标比过去事件更为重要。这一思想对奥尔波特（Gordon Allport）、马斯洛（Abraham Maslow）、罗杰斯（Carl Rogers）等人本主义心理学家产生了重要影响。朗格（L. M. K. Long）认为阿德勒的理论和奥尔波特的理论具有许多相似性，并指出，它们“都可以称为整体论和机体论……都反对泛性论和快乐原则……都可以大体上划为目的论者……在它们对人的描述中都明显充满希望和乐观主义”①。马斯洛在青年时代曾与阿德勒一起共过事，非常熟悉阿德勒的个体心理学思想。他的自我实现理论正是以阿德勒的创造性自我的概念为新的起点的，他在《存在心理学探索》(1968)一书中把阿德勒列为“第三势力”心理学家的首位。后他又在《动机与人格》第二版（1970）中指出，阿德勒提出的“社会兴趣”这个词，很好地表达了由自我实现的人所表达的人类情感之特点。他在去世前还撰文说：“对我来说，阿尔弗雷德·阿德勒年复一年地变得越来越正确。正如这些事实表明，越来越强烈地维护着他这个人的形象。我必须指出，尤其在他对整体性的强调这一点上，这个时代仍然还没有赶上他。”② 阿德勒在治疗理论中强调自尊、同情和平等的重要性，这种观点影响了罗杰斯，罗杰斯在治疗中也强调同情、尊重患者，以患者为中心。罗杰斯早年曾聆听过阿德勒的教诲，他在逝世前不久曾说过：“我特别荣幸遇见、聆听、留意过阿尔弗雷德·阿德勒博士……在研究所里我已十分习惯严格的弗洛伊德方法——75 页的

---

① 转引自 Corsoni，R. J.（Ed.），*Current Personality Theories*，p. 50。

② Maslow，A.，“Tribute to Alfred Adler,” *Journal of Individual Psychology*，1970，26，p. 13.

个案史以及甚至在考虑如何对一名儿童进行‘治疗’之前就要做多种详尽的评估。但我被阿德勒博士迅速与孩子和父母建立关系的方式震撼了，这种方式非常直接又看似短程。我花了一些时间才意识到我已从他那儿学到了多少东西。”①

第三，对存在心理学的影响。存在心理学早期代表人物弗兰克尔（Viktor Frankl）早年参加过阿德勒的个体心理学协会活动，他对阿德勒评价极高，把阿德勒和弗洛伊德的对立表述为：“……与哥白尼给世界带来的骤变相比并不逊色。人类不再被看作是驱力与本能的产物、奴隶和牺牲品；相反，驱力和本能只是构成了那种为人类的表现和行动服务的物质基础。除此之外，阿尔弗雷德·阿德勒也许更能称得上是一位存在主义思想家和一位存在主义的精神病学运动的先驱者。”② 弗兰克尔吸收了阿德勒有关自由与责任的观点，认为自由选择在人的决策过程中发挥着核心作用。美国存在心理学家罗洛·梅（Roll May）在欧洲游历时曾与阿德勒有段交往，对阿德勒怀有深深的感激和钦佩之情。他在其第一本著作《咨询的艺术》（*The Art of Counseling*，1939）的前言中就承认：“这个讨论特别感谢阿尔弗雷德·阿德勒的谦逊而洞彻的智慧。”③ 阿德勒重视意识本身的作用，认为人是自己生活方向的创造者，个体从童年早期的经验中就形成了为自我而奋斗的基本模式。罗洛·梅也相信意识本身的力量，只是表述和阿德勒不同而已。他把勇气看作是成熟的道德，它能使人避免陷入对创造性工作和爱的依赖，通过人的自由选择、责任性和社会存在而获得一种替代的价值感。

---

① 转引自 Ansbacher，H.，“Alfred Adler's Influence on the Three Leading Cofounders of Humanistic Psychology，” *Journal of Humanistic Psychology*，1990，30（4），p. 47。

② Frankl，V.，“Tribute to Alfred Adler，” *Journal of Individual Psychology*，1970，26，p. 12.

③ 转引自 Ansbacher，H.，“Alfred Adler's Influence on the Three Leading Cofounders of Humanistic Psychology，” *Journal of Humanistic Psychology*，p. 50。

第四，对积极心理学的影响。积极心理学的倡导者塞利格曼(M. Seligman)在《积极心理学手册》中提出："应将积极心理学的目标从病理学转向一种更加平衡的视角，注重把积聚力量作为治疗武器库中最有效的武器的可能性，拥有一个实现自己抱负的个体和一个繁荣的团体这样的观念。"① 他认为，积极心理学并不是一种全新的观念，拥有着许多杰出的先驱。积极心理学就其发展过程而言，其本身即是一种阿德勒学派的观点。积极心理学的许多方面与个体心理学都具有一致性。积极心理学和个体心理学不仅仅关注精神病理学和来访者的无能，还共同强调正常人的成长和发展、防御与教育，关注心理健康，挖掘来访者的力量、资源和能力以及多元文化和社会公正这样的大主题。

（二）引领了心理治疗的先河

艾利斯(Albert Ellis)指出："阿尔弗雷德·阿德勒甚至比弗洛伊德更可能成为真正的现代心理治疗之父……从某种意义上说，任何当代著名的心理治疗家取得的成就都应归功于阿德勒创立的个体心理学。"② 埃文斯(T. D. Evens)也指出："阿德勒对心理学的贡献继续影响着今天的咨询师们。在某种意义上说，阿德勒的理论仍然领先于他的时代。"③ 阿德勒的最大贡献就在于他提供了一个经受住了时间考验的综合理论，并为当代许多心理治疗模式奠定了基础。个体心理学引领了心理治疗的先河，不管后来提出的新心理治疗方法的学者是否提及自己受惠于阿德勒的观点，但我们都可以看到许多心理治疗方法与阿德勒的观点和方法之间具有相似或相通之处。

---

① 转引自［美］乔恩·卡尔森、理查德·E·沃茨、迈克尔·马尼亚奇：《阿德勒的治疗：理论与实践》，30页，重庆，重庆大学出版社，2011。

② Ellis, A., "Tribute to Alfred Adler," *Journal of Individual Psychology*, 1970, 26, p. 11.

③ Evens, T. D., "How Far Can You Go and Still Be Adlerian?" *Individual Psychology: Journal of Adlerian Theory, Research and Practice*, 1991, 47, p. 541.

第一，对理性—情绪行为疗法的影响。理性—情绪行为疗法的创始人艾利斯（1970）将阿德勒视为对理性—情绪行为疗法具有奠基意义的现代先驱，并指出："如果没有（阿德勒）的开创性工作，理性—情绪行为疗法的主要元素可能永远不会形成，这种可能性很高。"[①] 他认为，阿德勒的工作对于理性—情绪行为疗法在几个方面的发展都很重要。他是第一位真正强调自卑感的伟大治疗师，同样强调自我评定和自卑感所导致的自我焦虑。如同阿德勒的个体心理学，理性—情绪行为疗法也重视人们的目标、目的、价值观以及意义。在运用主动—直接的教育，强调社会兴趣，采用整体的、人本主义的观点以及运用心理治疗的高级认知—说服形式等方面，理性—情绪行为疗法也都追随阿德勒。

第二，对认知或认知—行为疗法的影响。认知疗法的创始人贝克（A. Beck）称阿德勒为最早的态度治疗师，"关注个人观念——他的内省、对自己的观察、解决问题的计划"。阿德勒的个体心理学强调在患者自己的意识经验框架内理解患者的重要性。对阿德勒而言，治疗是尝试去阐明个体如何知觉和体验世界。弗雷曼（A. Freeman）也认为，阿德勒是"最早的认知治疗师"[②]。在认知治疗中至少有三个阿德勒心理治疗的基本要素得到了普遍承认：(1) 一种关注生活风格信念的治疗焦点，或者认知治疗师所称的潜在图式；(2) 一种强调合作和协作的治疗关系；(3) 治疗的改变，或者重新教育和重新定向的过程。

第三，对建构主义疗法的影响。建构主义心理学和心理治疗的创立者凯利（G. Kelly）认为，他的"高级结构"与阿德勒的"生活风格"之间存在着相似性，当代两位著名的建构主义治疗家马奥尼

---

① Ellis, A., *Humanistic Psychotherapy*, McGraw-Hill, New York, 1973, p. 112.

② 转引自［美］乔恩·卡尔森、理查德·E·沃茨、迈克尔·马尼亚奇：《阿德勒的治疗：理论与实践》，18 页。

(Michael Mahoney) 和内梅伊尔 (Robert Neimeyer) 也承认阿德勒心理学和心理治疗是一种建构主义理论和治疗方法。马奥尼指出，阿德勒和凯利都明显受到法兴格 (Hans Vaihinger) 的《虚构哲学》的影响。法兴格强调人类的认知过程对其在世界的生存和活动具有目的性、工具性和功能性的意义。阿德勒和凯利都利用了法兴格著作中的虚构概念、主体的观念建构，虽然不一定和现实相符，但它可以作为有用的工具来处理生活中的任务和难题。卡尔森 (J. Carlson) 和斯佩里 (L. Sperry) 认为，个体合作建构他们生活于其中的现实，并且他们也能够自己质疑、解构或重构现实，这种认识不仅是阿德勒心理治疗的根本原则，而且也是其他建构主义心理治疗的根本原则。①

第四，对叙事疗法的影响。叙事心理学和和叙事疗法提出者辛格 (J. A. Singer) 和萨洛维里 (P. Salovery) 指出，阿德勒是探讨自我定义或叙事记忆在心理治疗中的核心作用和使用的最早的人格理论家和心理治疗学家，许多当代学者所阐述的有关意义记忆内容的本质，阿德勒在 20 世纪最初的 30 年里就已经提到过。《个体心理学杂志》在 1998 年第 4 期发表了“叙事治疗和阿德勒心理学”专辑，证实了这两种方法间存在着大量的共同基础。叙事方法和阿德勒学派的方法对社会建构主义的问题作出了回应，并且它们拥有共同的治疗方法，尽管使用了不同的术语。

第五，对家庭治疗的影响。舍曼 (R. Sherman) 和丁克迈耶 (D. Dinkmeyer) 认为，阿德勒极可能发展了第一个专业的夫妻、家庭咨询和家庭教育模式，并且在第一次世界大战之后，它们就立即被用于欧洲的儿童指导中心，直到 1934 年纳粹德国的官员们迫使他们关闭中心为止。在他们看来，“阿德勒的主题，思想和方法超越了今天所称的结构性的、策略的、沟通的、实验的、行为的、认知的、多

---

① 参见 [美] 乔恩·卡尔森、理查德·E·沃茨、迈克尔·马尼亚奇：《阿德勒的治疗：理论与实践》，22～23 页。

代的以及自我心理学的家庭研究取向"①。戈尔德贝格（Goldenberg）夫妇也认为，阿德勒治疗和家庭治疗模式在概念上具有相似性和相容性。阿德勒治疗强调行为的社会内容、个体在他或她的关系中的嵌入性，以及当前环境和未来目标而非童年期未解决的问题的重要性。阿德勒心理治疗和家庭治疗都对人持有整体性观点，强调有目的、有意识的选择。阿德勒在关注发展家庭实践的同时，努力开创了一种儿童指导运动，同时关注改进养育实践，这表明他的兴趣超越了个人而转向了家庭功能。

（三）开创了教育的新理念

艾利斯指出："阿德勒不仅是一位在其全盛时期杰出的治疗师，还是一位世界范围内杰出的社会教育者。"② 阿德勒终生都关注教育问题，他早在 1904 年就在医学报刊上撰写一系列文章，倡导医生就是教育者的理念。他于 1914 年出版了关于教育问题的第一本著作《治疗与教育》，此后又出版了三本专门的教育著作。第一次世界大战一结束，他就在在维也纳创办儿童指导中心，不断地与公立学校相联系，积极地将个体心理学观点运用于教育实践上。可以说，阿德勒是最早也是最为关注教育问题的精神分析学家。他非常强调教育的重要性，认为"总有一天人们将只知道一个思想——教育"③。他积极地提倡儿童教育、成人自我教育和生活中失败者的再教育。他认为，教育最重要的目标是培养儿童的合作能力，训练他们成为社会的合格成员，并积极主动参与社会生活。阿德勒曾说过，"儿童的可教育性得自于他先天的、分化了的和成长着的社会兴趣的广度"④，而社会兴

---

① 转引自［美］乔恩·卡尔森、理查德·E· 沃茨、迈克尔·马尼亚奇：《阿德勒的治疗：理论与实践》，20 页。

② 同上书，"序言"，1 页。

③ 转引自 Orgler, H., *Alfred Adler, The Man and His Work*, New American Library, New York, 1963, p. 256。

④ 转引自 Ansbacher, H. L., & Ansbacher, R., *The Individual Psychology of Alfred Adler: A Systematic Presentation in Selections from His Writings*, p. 138。

趣正是一种必须加以发展的潜能。

阿德勒十分重视家庭教育的重要性，认为个体自出生起就必须接受家庭教育。一个人的最早影响来自母亲，母亲不仅是孩子生存的依靠，也是孩子合作能力的启发者，是母亲搭起了孩子通往外界的桥梁。母亲通过言传身教，教育孩子如何发挥潜能，与别人建立良好关系，促进人格健康发展。父亲的教育不只是鼓励孩子如何适应环境，而且要用实际行动证明自己的能力，这往往影响子女的一生。许多孩子在一生中都把父亲当作偶像，孩子的责任感在很大程度上与父亲的教育分不开。阿德勒认为，一个人的生活风格在4岁或5岁就形成并固定下来。父母只有从早期就开始训练儿童，才能使他们形成对职业、友谊和爱情的正确态度，形成自信、乐观、勇于探索等良好的个性特征以及善于与人合作的能力。阿德勒也十分重视学校教育，认为学校是每个儿童体验精神发展历程的场所，是家庭的延伸。关注儿童的困难、纠正父母教育儿童方式的错误是学校教育工作的重心。在学校教育之始，大多数儿童已有一定的思想准备，以应付广阔的社会生活。但也有少数儿童依然没有准备，他们进入新环境时，会举棋不定、畏缩不前，表现出对生活缺乏信心。这些儿童并非心智低下，只是在社会生活的适应方面犹豫不决。教师的作用就是帮助他们做好各种准备，应对各种情境。他认为教师要做的事情和母亲一样，那就是和学生联系在一起，并对学生产生兴趣，而绝不能只用严厉的惩罚。如果想要引起学生的注意，就必须先了解这个学生以前的兴趣，并使该学生相信能获得成功。从学校教育一开始，教师就应该发现孩子对世界的看法以及孩子的特长等，以便结合多种手段培养孩子。当然，只有教师自身健康、平衡，懂得学生心理，才会像朋友一样接近孩子，传给他们自身已唤醒的社会情感。阿德勒进一步认为，个体心理学可以帮助人们真正了解遗传的缺陷对心理发展的影响。在教育中引起最大问题的不是儿童本身的各种限制，而是外部给予的各种限制。

教师和家长应该全力设法增强儿童的勇气和信心，帮助儿童消除因自己能力有限而设定的各种限制。

阿德勒的教育思想得到了广泛推广和应用，在此仅列举两例。斯皮尔（Oskar Spiel）最早根据阿德勒的思想在维也纳建立个体心理学的实验学校，他的《没有惩罚的纪律》（*Discipline Without Punishment*，1947）一书是对阿德勒教育思想的最先补充和发展。德雷克斯到达美国以后，与其合作者积极将阿德勒的教育思想推广到家庭教育和学校教育实践中，他们在芝加哥建立儿童指导中心，撰写多部教育著作，如《父母的挑战》（*The Challenge of Parenthood*，1958）、《鼓励孩子学习》（*Encouraging Children to Learn*，1963）、《儿童：挑战》（Children：The Challenge，合著，1964）、《课堂心理学：教师手册》（*Psychology in the Classroom*：*A Manual for Teachers*，1968）、《训练的新方法》（*New Approach to Discipline*，合著，1968）、《处理儿童的错误行为：父母指南》（*Coping with Children's Misbehavior*：*A Parent's Guide*，合著，1970）、《维持课堂中的心理健康：课程管理技术》（*Maintaining Sanity in the Classroom*：*Classroom Management Techniques*，合著，1971）、《没有眼泪的纪律》（*Discipline Without Tears*，1972）、《儿童指导与教育》（*Child Guidance and Education*，2009）等。德雷克斯等人的目标是把儿童培养成具有正确的社会兴趣、良好的生活风格的现代人。在他们看来，所有学生的行为都有其特定的基本目的，学生总想获得认可，其行为也倾向于达到这一目的。学生出现行为不当，主要是为了追求某种目的，或者是因为某种错误的目的。学生表现出这些违反常规的行为，是因为他们没有能力做出必要的个人调节，以适应在个人间结构平等的团体中共存的需要。这种无能表现是由于学生早期家庭生活中出现的自尊问题而造成的。而教师的主要作用在于分析一个特定学生的不良品行，然后以个人谈话的方式让学生明确并帮助学生理解他自身行为背后的目的，而且还应该告诉学生并让学生体验其不良品行的自然后果。通过自然后果，教会学生学会评估情境、作出负责的选择和从经验中学习。教师亦应该鼓励学生，并帮助其建立期望行为的规则及列出不良行为的后果，鼓励学生做出良好行为的承诺。群体控制就在于，那些自然的令人不愉快的后果总是不良行为的结果，因而教师不应处理惩罚本身。教师应能分析学生的团体行为以及确定促成如此行为的目标。

此外，阿德勒的个体心理学在社会政策、犯罪、宗教、战争、贫困、社会工作、性别平等、文学批评、心理传记学和心理历史学等领域也具有较为广泛的影响。限于篇幅，在此不再一一展开讨论。

郭本禹

2013 年 8 月 10 日

于南京师范大学

谨以此书献给所有家庭，希望所有家庭成员能从此书中学会更好地了解自己。

目　录

第一章
生活的意义

人类生活在意义的国度里。我们并非体验纯粹的环境，我们总是 3
体验环境对人们的重要意义。即便在这些环境中，我们的经验也受目
的限制。“树木”是指与人类有关联的树木，“石头”是指作为人类生
活因素之一的石头。如果一个人试图逃避意义，只将自己沉溺于环境
里，那么他将非常不幸。他将自己和别人孤立开来，他的行为对自己
或者任何人都没有用。简而言之，这些行为会毫无意义。但是，没有
人能脱离开意义。我们总是通过自身赋予现实的意义来体验现实。我
们所体验的不是现实本身，而是经过解释的现实。因此，推断起来便
很自然，这种意义或多或少未经修饰、不完整，甚至永远不正确。意
义的国度就是错误的天地。

如果我们询问一个人：“生活的意义是什么?”他也许回答不出
来。绝大多数人通常不是用这个问题困扰自己，就是设法老生常谈似
的回答。诚然，这个问题和人类的历史一样悠久。在我们这个时代，
年轻人——和年长者一样——常常会突然发问：“但是，生活所为何
求？生活所为何事?”然而，我们可以说，他们只在遭受挫败时才会
发问。只要一切顺利，且没有困难阻碍他们，这种问题就永远不会诉 4
诸言辞。每个人在行动中都会不可避免地提出这个问题，并做出回
答。如果我们充耳不闻他的言语，而观察他的行动，那么我们会发现

他有自己独特的“生活的意义”。他所有的姿势、态度、行为、表达、习性、抱负、习惯以及性格特质都与这个意义有关。他表现得好像自己可以依赖对某种生活的解释。在其所有行动中有一种对世界和自己的模糊期望，一种“我就是这样，世界即是那样”的结论，一种赋予自己和生活的意义。

世界上有多少人，就有多少种赋予生活的意义。正如我们已指出的，也许每一种意义或多或少都包含了一个错误。没有人拥有绝对正确的生活意义。我们可以这样说，从根本上而言任何有用的意义都不能认为是绝对错误的。所有的意义都是这两极间的变体。然而在这些变体中，我们能区分出一些回答得更美好，一些回答得更糟糕，一些错误较小，一些错误较大。我们可以发现，共同享有的更好的意义是什么，缺失的错误的意义是什么。这样，我们便能获得一种科学的“生活的意义”，一种真正意义的共同尺度，一种能使我们面对与人类有关的现实的意义。再次重申，我们必须记住，“正确”指的是对人类正确，对人类的目的和目标正确。除此之外，别无真理。如果存在另一种真理，那么与我们也绝不相关；我们不会了解它，它也不会有任何意义。

5 每个人都有三种主要的联结，他必须考虑这三种联结。这三种联结构成了他的现实。他面对的所有问题都在这些联结的方向上。他之所以必须一直回答这些问题，是因为这些问题总是困扰着他。问题的答案会告诉我们，他对生活意义的独特设想。第一种联结是我们生活在这个贫瘠的行星、地球以及其他地方的外壳上。我们必须在种种限制下，利用居住地提供的种种可能性来成长。为了能够在地球上延续生命，保证人类的繁衍，我们必须同等程度地发展身体和心理。这是激励每个人寻求答案的问题，没有哪个人可以逃避。不管我们做什么，我们的行动都是我们自身对人类生活情境的回答。它们透露了，哪些行为是我们认为必需、适合、可能以及值得的。每个答案都必须受到这个事实的限制，即我们都属于人类以及人类都是居住在这个地球上的物种。

现在，如果考虑到人类身体的脆弱性以及居住地的不安全性，我们就可以明白，为了我们自己的生活和全人类的幸福，我们必须竭尽全力去确定我们的答案，我们要使这些答案具有远见且前后一致。正如面对一道数学难题时，我们必须努力寻找答案一样。我们不能恣意而为或者靠猜测工作，而必须使用为我所用的各种方法，不停地工作。我们虽然找不到绝对完美的答案，找不到一劳永逸的答案，却必须竭尽全力找到合适的答案。我们必须努力寻找更好的答案，这个答案必须直接适用于我们与这个贫瘠的行星、地球的外壳发生着关联这 6
个事实，以及我们居住的环境带来的所有有利和不利上。

在此我们讨论第二种联结。我们不是人类的唯一成员，周围还有许多其他成员。我们生活着，与他们发生关联。个体的缺点和种种限制使得他不可能独立完成自己的目标。如果他独自生活，自己想方设法处理问题，那么他只会自取灭亡。他无法继续自己的生活，也不能延续人类的生活。他总要与别人发生关联。他之所以被关联着，是由于他自身的弱点、不足以及局限。他对自己的幸福以及对人类的幸福所采取的最重要步骤就是发生关联。因此，生活问题的每个答案都必须考虑到这种联结。它必须解释“我们生活在关联之中，如果孤立无援，就会灭亡”这个事实。假如我们要生存下去，那么我们的情感就必须要和这个最大的问题、目的和目标相互协调，即在我们居住的这个行星上，与我们的同伴合作，继续我们的生活以及人类的生活。

我们还受到第三种联结的束缚。人类生活在两性之中。个人生活和共同生活的保持都必须考虑这一事实。爱情和婚姻问题隶属于这个联结。任何男女都不能避而不答。一个人面对此问题的所作所为就是他的答案。人们用许多不同的方式尝试解决这个问题，他们的行为总是表明了他们设想的唯一解决方式。因此，这三种联结便构成了三大 7

问题。如何寻找一种职业，以使我们在地球自然设置的种种限制下得以生存；如何在我们的同伴中找到一个位置，以便我们可以展开合作并分享合作的好处；如何使自己适应“我们生活在两性之中，以及人类的延续和发展取决于我们的爱情和生活”这个事实。

个体心理学发现，生活中的所有问题都归结为这三个主要问题：职业、社会和性。每个人对这三个问题的反应，都准确可靠地表明了自己对生活意义的深层感受。试想一下，比如我们认为一个人的爱情和生活不完美，工作不努力，没有什么朋友，发觉和朋友相处很痛苦。我们可从其生活的种种限制和局限中得出结论：他觉得活着是件困难而且危险的事，机会寥寥，挫折连连。他活动的狭窄区域可被理解为一种判断：“生活意味着保护自己免受伤害，困守自己，避免接触。”再设想下，另一方面，假如我们认为一个人的爱情和生活甜蜜，他的工作成绩喜人，朋友很多，交友甚广，成就颇丰。那么就他而言，我们可以断言，他会觉得生活是项创造性的任务，充满机遇，没有不能克服的障碍。他处理生活中所有问题时产生的勇气可被理解为一种判断：“生活意味着对同伴感兴趣，成为整体的一部分，对整个
8 人类的幸福作出自己的贡献。”

我们在此找到了所有错误的“生活意义”和正确的“生活意义”的共同尺度。所有失败者——神经症患者、精神病患者、罪犯、酗酒者、问题儿童、自杀者、堕落者以及妓女——之所以都是失败者，是因为他们缺乏同伴感和社会兴趣。他们在处理职业、友谊和性等问题时都缺少通过合作加以解决的自信，他们赋予生活的意义是一种个人的意义：没有哪个人可以从实现自己的目标中获益，他们的兴趣也只停留在自己身上。他们成功的目标对自己而言，只是一种虚构的个人优越感目标，他们的胜利只对自己有意义。当杀人犯手握一瓶毒药时，他已承认了一种权力感。但很明显，他们只对自己证实了他们的重要性。对其他人而言，拥有一瓶毒药似乎并不能给予他们优越感的

价值。事实上，个人的意义根本毫无意义。意义只在交流中才有存在的可能：只对某个人有所指的字实在是没有意义的。我们的目标和行动一样，唯一的意义就是对别人的意义。每个人都努力寻求意义。如果人们不能明白，他们的全部意义就在于对别人的生活有所奉献，那么他们会一直犯错。

曾有一则轶事，讲述了一个小型宗教派别的领导者。一天，她将
追随者召集在一起，告诉他们世界末日将在下周三来临。她的追随者 9
非常震惊，变卖了财产，放弃了世俗的杂念，紧张地等待所预言的灾难的到来。星期三过去了，没有发生任何异常。星期四他们聚集在一起，讨个说法。“知道我们如临深渊吗?”他们说，“我们放弃了所有的保障。我们告诉遇到的每个人，世界末日将在星期三到来。他们嘲笑我们时，我们没有沮丧，而是重申，我们从绝对权威那儿得知这个消息。星期三已经过去了，世界仍旧如此。”“但是，”这位“先知”却说，“我的星期三并不是你的星期三。”她就这样凭借个人的意义，保护自己免受挑战。这种个人的意义绝对经受不起考验。

所有真正的“生活意义”的标志是，它们具有共同的意义——它们是别人可以分享的意义，也是别人认为有效的意义。生活问题的良好解决常常会为别人扫清障碍，因为我们将在其中看清成功路上遇到的共同问题。即使天才也只被定义为拥有至高无上的效用。只有当一个人的生活被别人认为对他们有意义时，我们才称他为天才。这种生活所表达的意义是：“生活意味着对整体有所奉献。”在此，我们不谈职业动机。我们对职业充耳不闻，只寻找成就。成功处理生活问题的人表现得就像他立即并且完全认识到，生活的意义就是对别人产生兴趣以及与他合作。他所做的每件事似乎都会受到同伴兴趣的引导。他遇到困难，就力图以和人类幸福一致的方式来克服困难。 10

也许对很多人而言，这是一种新观点。他们可能会怀疑我们所赋予生活的意义是否就是奉献、对别人产生兴趣以及合作。他们也许会

问：“但是对于个人，该怎么办呢？假如他一直为别人着想，为别人的兴趣奉献自己，那么他自己岂不是会感到痛苦？”至少对一些人而言，假如他们要适当地发展，他们该为自己想想，这没有必要吗？我们之中难道没有人首先应该学会保护我们自己的兴趣或者增强我们的人格？我认为，这种观念是个巨大的错误，它提出的问题是个虚假的问题。假如一个人在他赋予生活的意义中希望有所奉献，假如他的情感都指向了这个目标，那么他自然会把自己变成奉献的最佳形象。他会为自己的目标调整自己，他会在社会情感方面训练自己，也会从实践中获得技能。设定了目标后，训练就紧随其后。慢慢地，他开始武装自己以解决生活中的三大问题，培养自己的能力。让我们举爱情和婚姻为例。假如我们对伴侣感兴趣，假如我们轻松地工作并且丰富了伴侣的生活，那么我们当然会以己所能做到最好的自己。假如我们认为没有任何奉献的目标，就凭空发展人格，那么我们只会使自己盛气凌人并且郁郁寡欢。

我们还可以从另一条线索中断定，奉献是真正的生活意义。假如
11 我们环顾从祖先那得到的遗产，那么我们会看到什么呢？如今所存留的仅是我们对人类生活做出的奉献。我们看看开垦的土地，我们看看马路和建筑物。在传统上、在哲学中、在科学和艺术里，以及在应对人类环境的种种技术中，我们看看他们生活经验交流的结果。这些结果都是对人类幸福有所贡献的人所留下的。其他人又会如何呢？那些从不合作的人、那些赋予生活不同意义的人、那些只问“我能从生活中得到什么”的人又如何呢？他们身后没有留下任何痕迹。他们不仅已经死亡，而且即使活着，整个人生也碌碌无为。就仿佛地球对他们说：“我们不需要你，你不适合生活，你的目标和努力、你所持有的价值观、你的思想和灵魂没有任何未来。滚蛋吧！不需要你，灭亡吧，消失吧！”对那些赋予生活任何其他意义而不是合作的人而言，最后的判断是：“你没有用，没有人需要你，滚吧！”在当今的文化

里，我们当然会发现有许多不尽如人意之处。我们发现了不足，我们就必须加以改变，但是这种改变必须始终进一步增加人类的幸福。

总是存在这样的人，他们明白这个事实：知道生活的意义就是对
整个人类感兴趣，尽力发展社会兴趣和关爱。在所有的宗教里，我们
都发现了这种悬壶济世的关怀。在所有大型的运动中，人们都一直努
力增加社会兴趣。宗教便是这样最伟大的努力之一。然而，人们常常
误解宗教，除非更直接地致力于这项共同任务，否则在现已做到的之 12
外，我们便很难看到它们如何做更多的事情。个体心理学以科学的方
式获得了同样的结论，并提出了一种科学技术。我认为它还可再前进
一步。也许随着人们对同伴和人类幸福的兴趣的增加，科学将比其他
活动，比如政治或者宗教，更加接近目标。我们从不同的角度处理问
题，但是目标却一样——增加对别人的兴趣。

因为赋予生活的意义就像我们职业的守护神或者追随的魔鬼一
样，所以我们就应该了解这些意义如何形成，它们与其他如何不同，
如果包含了重大错误又如何纠正，很明显这是极其重要的。这就是心
理学的领域，与物理学或者生物学有所区别——它运用对意义的理解
和影响人们行为和财富的方式来增加人类的幸福。从出生那天起，我
们便能看到这种生活意义背后的模糊探索。甚至连一个婴儿都在努力
评估自己的能量以及在周围环境中的分量。到第五年年末，儿童已形
成一种整体的、固定的行为模式，形成自我处理问题和任务的风格，
并且已经固定了他对这个世界和自我有何期待的最深刻且最持久的概
念。从现在开始，儿童通过一种稳定的统觉图式看待世界：经验在他 13
们获得之前得到解释，这种解释与最初生活赋予的意义一致。即便这
种意义错得非常严重，即便解决问题和任务的方法带给我们持续的不
幸和苦恼，他们也不会轻易被放弃。只有重新考虑造成错误解释的情
境，认识错误之所在，并修正统觉图式，生活意义中的错误才能得到
纠正。也许在极少数情境下，个体可能被迫通过错误方法的结果来纠

正他赋予生活的意义，并独自成功地实现改变。然而，如果没有社会压力，如果他不发觉，假如他沿袭旧有的方法，他就命悬一线，那么他绝不会这样做。这种方法要得到最佳修正，大部分情况下要借助受过训练而理解这些意义的人的协助，这些人参与发现最初的错误，并帮助提出更恰当的意义。

让我们用一个简单的例子来说明童年情境可由不同方法解释。童年时期的不幸经验可赋予完全相反的意义。拥有不幸经验的人不会沉湎于这些不幸，除非这些经验向他展示了某些未来可补偿的东西。他会认为：“我们必须努力去改变这些不幸的情境，并确保我们的孩子得到更好的安置。”另一个人可能会认为：“生活本不公平，别人一直拥有最好的那一部分。如果世界这样对我，我为何要对世界更好呢?”
14 一些父母这样对孩子说：“当我还是个孩子时，我就吃了很多苦，我都克服了，他们为什么不能呢?”第三个人则会认为：“由于我不幸的童年，我做的每件事都应该得到原谅。”这三个人的解释明显地体现在他们的行为中，他们绝不会改变他们的行为，除非他们改变他们的解释。个体心理学在此突破了决定论。没有哪种经验是成功或者失败的理由。我们没有经历过自己经验的打击——所谓的创伤，但我们要制造出适合我们的目标之物。我们通过我们赋予经验的意义进行自我决定。当我们把特殊的经验当作未来生活的基础时，就有可能存在某种错误。意义不是由情境决定的，但我们却由赋予情境的意义来决定自己。

然而，童年时期的某些情境却常常会造成严重的错误意义。大部分失败者都来自这些情境里的儿童。首先，我们必须考虑婴儿期带有器官缺陷、患有疾病或者体弱的儿童。这种儿童负担过重；他们很难体会到生活的意义就是奉献。除非有人接近他，将他的注意力从自己身上转移开来，对别人产生兴趣，否则他们很容易主要关注自己的感觉。慢慢地，由于和周边人的比较，他们渐渐沮丧。在如今的文化里，他们的自卑感由于同伴的可怜、嘲弄或者忽视而被强化。在所有这些情境里，他们转而依赖自己，失去在共同生活中起到有效作用的 15
希望，并认为自己受到这个世界的羞辱。

我想我是第一个描述器官有缺陷或者腺体分泌异常儿童所面临的困扰的人。虽然这门科学分支已取得了非常明显的进步，但是它却很难沿着我所期望的方向发展。从一开始，我就在寻找克服这些困难的方法，而不是寻找把失败的责任归咎于遗传或者身体条件的证据。没有哪种器官缺陷能强迫出一种错误的生活风格。我们从未发现两个儿童的腺体对他们产生同样的效果。我们常常看到克服这些困难的儿童，他们在克服这些困难时还发展出不同寻常的、有用的机能。在这一方面，个体心理学不是优生选择计划的好广告。许多对我们文化做出巨大贡献的杰出人士，都有器官缺陷，他们的健康状况不佳，有时甚至英年早逝。进步和新贡献主要来自那些与身体以及外部环境中的困难努力抗争的人。这种抗争使他们坚强，更加促使他们奋发。我们无法从身体上判断心理的发展是好还是坏。然而，迄今为止，大部分有器官缺陷和腺体缺陷的儿童没有在正确的方向上得到训练，他们的困难没有得到理解，他们主要对自己感兴趣。因此，在那些早年受到 16
器官缺陷困扰的儿童中，我们发现了许多这种失败者。

第二种常常为赋予生活意义中的错误提供场所的情境，是受宠儿童所处的情境。受宠儿童得到训练，期望自己的愿望被当作法律来对待。他无须努力就出类拔萃，通常还会认为这种突出是种天赋的权利。结果是，当他进入自己不是注意中心的环境，别人不以考虑他的感觉为主要目标时，他就会非常失落，他会觉得整个世界抛弃了他。他已受过训练去期待而不是给予。他从不学习面对问题的其他方法。别人奉承他，以致他失去了独立性，都不知道他能为自己做点事。他的兴趣在于全身心关注自己，从不学习合作的运用和必要性。当他面对困难时，只有一种处理方法——向别人求助。他似乎认为：如果他能重新获得突出的地位，能迫使别人认为他是个特殊人物且理所当然得到他想要的一切，他的处境就会得到改善。

那些受宠的儿童长大了也许就是我们团体中最危险的一群人。其中有些人可能会对良好意志做出严正声明。他们甚至变得“非常可爱”，以获得机会压制别人，但他们仍然像常人一样在日常任务中反对合作。还有其他一些人更加公开地反叛：当他们不再容易找到往昔
17 的温暖和顺从时，他们就会觉得被出卖了；他们认为社会对自己充满了敌意，并试图报复他们的同伴。假如社会对他们的生活方式表现出了敌意（几乎毫不怀疑），他们就把这种敌意作为个人受到虐待的新证据。这就是为何惩罚无效的原因，他们无所事事却坚信：“别人和他对着干。”但是不管受宠的儿童是否继续攻击或者公开反叛，不管他是否试图由软弱支配或用暴力报复，事实上他犯了同一个错误。实际上，我们察觉到人们在不同时期都尝试着这两种方法。他们的目标始终不变。他们认为：“生活意味着要做第一，意味着成为最重要的人物，意味着得到想要的一切。”一旦他赋予了生活这样的意义，那么他们所使用的每种方法都将是错误的。

容易发生错误的第三种情境是被忽视的儿童所处的情境。这种儿童从不知道爱与合作为何物：他编造了一通不包含这些友好力量的生活解释。我们可以理解，当他面对生活困难时，他会高估困难，低估自己借助别人的帮助和善意来面对困难的能力。他发现社会对他很冷酷，他会认为社会总是冷酷的。他尤其无法明白，他可以通过对别人的有益行为来获得感情和尊重。因此，他怀疑别人，无法相信自己。事实上，没有哪种经验可以取代缺乏兴趣的情感。母亲的第一要务就是给予孩子值得别人信任的经验：之后她必须扩大并提高这种信任
18 感，直到它包含了孩子环境中的其余成分。如果她未能完成这个任务——获得孩子的兴趣、感情和合作，这个孩子就很难形成社会兴趣，很难产生对同伴同仁般的感觉。每个人都有能力对别人产生兴

趣，但是这种能力必须得到训练和练习，否则其发展便会受到挫折。

假如有一种纯粹被忽视、令人讨厌或者被遗弃的儿童，那么我们可能会发现：他无视合作的存在，被孤立了，无法与人交流，完全漠视有助于他和人们一起生活的一切事情。但是，正如我们已看到的，这些环境中的个体终将消失。儿童度过了婴儿期这个事实证明了，他已得到某些照顾和注意。因此，我们从不讨论纯粹被忽视的这类儿童：我们讨论那些比正常关照少的儿童，或者在某些方面被忽视的儿童，虽然其他方面不缺少。总而言之，我们只想说，被忽视的儿童从未发现值得他信赖的人。生活中的许多失败者都是那些孤儿或者私生子，这是对我们文明的悲观看法。一般而言，我们都把这种儿童归类到被忽视的儿童中。

这三种情境——有缺陷的器官、受宠爱和被忽视——是对赋予生活错误意义的巨大挑战。这些情境中的儿童几乎总是需要帮助他们改正处理问题的方法。他们必须得到帮助以获得更好的意义。假如我们 19
关注这类事——实际上意味着，假如我们对他们拥有真正的兴趣，并在这个方向上训练自己，我们就能明白他们做任何事的意义。梦和联想已被证明很有用：睡梦中和清醒时的人格是一样的，但是社会要求带来的压力在梦中没那么激烈，人格会通过较少的保护和隐藏显示出来。然而，在快速理解个体赋予自己和生活的意义的过程中，最大的帮助是来自他的记忆。每段记忆，不管他认为多么零碎，都代表了他值得回忆的某些东西。之所以值得回忆是因为影响生活的就是他所描绘的。它对他说："这就是你应当期望的。""这就是你应当避免的。""这就是生活！"我们必须再次强调，经验本身并不比记忆中用于凝结成生活意义的经验重要。每段记忆都是纪念品。

在表明个体保持自我特殊的生活方式有多久，以及指出他最先固定生活态度的环境等方面，童年早期的记忆尤其有用。最早的记忆有其显著的地位，有两个理由可供解释。第一，个体对自身和所处环境的基本评价都包含在内。它是个人对自己的外表，最初对自己或多或少的完整印象，以及别人对他的要求，第一次综合的结果。第二，它是他的主观出发点，也是他为自己编织自传的开始。因此我们常常在其中发现，他将自我感觉到的不足和懦弱的地位，与他理想中的长处
20 和安全的目标进行对比。至于个体认为的最初记忆，实际上是否就是他记得的最初事实，或者对真实事件的记忆，对心理学的目的而言无关紧要。记忆的重要意义，只在于它们被当作为何物，个人对它们的解释，以及它们对现在和未来生活的影响。

在此我们可举几个最初记忆的例子，来看清它们所固定的生活意义。“咖啡壶倒在桌上，烫着我了。”这就是生活！以这种方式开始自述的女孩被无助感缠绕，低估了生活的困难和危险，我们发现这一点并不惊讶。假设她在心里责怪别人没有给她足够的照顾，我们也不应该奇怪。有人粗心大意致使这么小的孩子面对这种危险。另一段最初记忆也体现了类似的世间情境：“我记得三岁时从摇篮里摔下来。”这段最初记忆重复出现在梦里：“世界即将灭亡，我在深夜醒来，发现夜空有亮红的火光。星星都坠落了，我们和另一个星球碰撞在一起。但在碰撞之前我就醒了。”当问到这名学生是否害怕什么时，他回答说：“我害怕我获得不了成功的人生。”很明显，他的最初记忆和重复的梦境使他灰心丧气，并证实了他对失败和灾难的恐惧。

由于尿床以及与母亲的不停争斗，一名十二岁的男孩被带到诊所
21 来，留给他的最初记忆是：“母亲以为我丢了，跑到大街上大声呼叫我，非常担心。我一直藏在家中的碗柜里。”我们从这段记忆里可以看到：“生活意味着通过找麻烦来获得注意。获得安全的方法是欺骗。我被忽略了，但是我能戏弄别人。”他的尿床行为也是使自己成为担心和注意中心的一种方法，他的母亲通过担忧以及对他的紧张不安，证实了他对生活的解释。在之前的例子中，这个男孩很早便获得了这个印象：外界的生活充满了危险。他断定，假如别人担忧他的行为，

他才会安全。只有这样，他才使自己安心，假使他有需要，他们就会保护他。

一位三十五岁妇女的最初记忆是：“当我三岁时，我走进了地窖里。我走在乌黑的楼道里，比我稍大点的堂兄打开门，跟着我。我很怕他。”我们从这段记忆里可以看到，她不习惯和其他孩子一起玩耍，和异性在一起让她尤其不自在。对她是独生女的猜测，被证实是完全正确的。她到三十五岁时仍然没有结婚。

社会情感的更高发展在下面这个例子中体现出来：“我记得母亲让我摇动摇篮车里的小妹妹。”然而在这个例子里，我们也能找到种种迹象：她只和比自己弱小的人在一起才轻松自在，以及她依赖母亲。新生儿出生后，在照顾他这一方面，最好要得到大一点孩子的帮
助，让他们对他感兴趣，并允许他们为他的幸福分担责任。假如得到 22
了他们的帮助，便不会让他们觉得，对婴儿的关注就是减少他们的重要性。

渴望和别人在一起并不表明他对别人真正感兴趣。有个女孩，当问到她的最初记忆时，她回答说：“我正和姐姐以及两个女孩一起玩耍。”在此我们当然可以看出，一名儿童正在学习社交。但是当她提及其最大担心时，我们对她的努力获得了一种新认识：“我害怕被独自丢在家里。”因此我们找到了她缺乏独立性的迹象。

假使一旦发现和理解了赋予生活的意义，我们就拥有了整个人格的关键。时常有种说法认为，人们的性格不会改变，但是只有那些从未发现处境之关键所在的人才会持有这种观点。然而正如我们已看到的，假使未能发现最初的错误，那么讨论或者治疗便不会成功；改善的唯一可能性就在于，训练他们拥有更具勇气和合作性的生活方法。合作是我们反对神经症倾向发展的唯一保护机制。因此，儿童应该在合作中得到训练和鼓励；应该允许他们在共同任务和共同游戏中，在自己这个年龄层的孩子中，找到自己的方式，这一点非常重要。任何

对合作的阻碍都会产生最严重的后果。以被宠爱的孩子为例，他学会了只对自己感兴趣，把对别人缺乏兴趣的态度带进了学校。他对功课感兴趣只因为他认为能获得老师的赞誉，他只想听他觉得对自己有利
23 的东西。当他接近成年时，他在社会情感上的失败显然会变得越来越具有灾难性。第一次发生错误时，他就停止训练自己的责任感和独立性，直到现在他也不足以应对任何生活考验。

我们不能因为其缺点而责备他：当他开始感觉到这种结果时，我们只能帮助他改正。我们不期望一个没有学过地理的儿童，就能正确地回答试卷上的问题；也不期望一个没有受过合作训练的儿童，在面临的任务要求合作训练时，就能顺利地完成。但是，每种生活问题的解决都需要合作的能力；每项任务都必须在人类社会框架内，以增进人类幸福的方式熟练掌握。只有理解了生活意味着奉献的个体，才能以勇气和良好的成功机会来应对困难。

如果教师、父母以及心理学家理解了赋予生活的某种意义所犯的错误，如果他们不犯同一种错误，我们就能确信，缺少社会兴趣的儿童对自己的能力和生活的机遇更有把握。当他们遇到问题时，他们不会停止努力，寻找便捷之道，尽力逃避或者扔掉别人肩上的重负，要求温和的对待以及特别的同情，或者感到羞辱，试图报复他们，或许
24 会问："生活有什么用呢？我能从中得到什么？"他们会说："我们必须创造自己的生活。这是我们自己的任务，我们有能力应付。我们是自我行为的主宰者。如果必须除旧布新，那么除了你自己，没有人需要这么做。"假如生活是以独立者参与合作的形式开始，那我们就可看到人类社会的进步没有界限。

第二章 心理与身体

人们一直在争论究竟是心理决定身体还是身体决定心理。哲学家 25
已参与进争论中，采取这种或那种立场。他们称自己为唯心主义或者唯物主义者，他们带来了数以千计的论据，但是问题似乎依然困扰着他们，并没有得到解决。也许个体心理学家可以给解决这个问题带来一些帮助，因为在个体心理学中，我们事实上面对着身体和心理的相互动态影响。一些人在身体和心理上需要进行治疗，假如我们的治疗以错误的理论为基础，我们就无法帮助他们。我们的理论必须要来自经验，经验必须要经受得起实际应用的考验。我们生活在这些相互关系中，我们得面对最大的挑战以寻找正确的观点。

个体心理学的发现消除了这个问题所带来的大部分紧张关系。它不再是简单的“要么……要么……”的问题。我们看到心理和身体都是生活的表达：它们是生活整体的一部分。我们开始理解它们在整体中的相互关系。人们的生活是四处移动的生活。对他而言，独自发展身体是不够的。植物是生了根的：它依附于某个地段，不能挪动。因此，发现植物有心理或者至少在某种意义上可以理解为一种心理，是
令人十分惊讶的。如果植物可预见或者设想结果，其机能则会一无所 26
用。植物会想：“有人正走过来。他马上就会踩踏我，我会死于其脚下。”这有什么用呢？植物依旧不能逃脱此灾。

然而，所有移动的生物可以预见并推断出移动的方向，这一事实使人不得不假定它们拥有心理或者心灵。

“确信，你有感觉，除非你没有动。”[①]

预见移动的方向是心理的基本原则。一旦认识到这一点，我们便可以理解心理如何决定身体——它为行动设定了目标。只在不同的时间发起一种随机的运动是远远不够的，必须得有努力的目标。如果心理的功能自然决定了移动的方向，那么它在生活中便拥有了支配的位置。同时，身体也影响着心理，身体必须可以移动。心理只有按照身体拥有的、通过训练可能发展出来的能力，才能使身体移动。例如，假使心理有意使身体移向月球，除非发明了一种克服身体局限的技术，否则它便无法完成。

人类比其他生物更多地参与活动。他们不仅以多种方式活动——正如我们所看到的手中复杂的活动，而且更能依靠他们的活动改变周遭的环境。因此，我们应该认为，预见未来的能力是人类心理发展的
27 最高阶段。人们最清楚地表明，他们正做出有目的的努力，以提高他们在整个环境中的地位。

此外，我在每个人身上还可以发现，局部目标背后的所有局部活动都包含一个单独的活动。我们所有的努力都指向获得安全感，这种安全感就是所有生活中的困难都被克服，我们最终在周围整个环境中表现出安全和胜利的姿态。鉴于这种目的，所有活动和表达都必须相互协调，融入到一个整体中：心理似乎是为了达到一个最终理想目标而迫不得已发展的。这与身体一致，身体也努力成为一个整体。它也朝着一个胚胎中预先存在的理想目标发展。例如，假使皮肤损伤了，那么整个身体都会忙着使它再次成为一个整体。然而，身体不是独自展现其潜能的，心理也在其发展过程中给以帮助。锻炼、训练以及一

---

① 《哈姆雷特》，第三幕，第四场。

般保健的价值已得到证实。这些价值都是心理在努力追求最终目标时，身体提供的所有帮助。

从生命伊始，不间断地直到结束，生长和发展的这种合作关系一直持续着。身体和心理作为整体不可分割的一部分相互合作。心理就像一个发动机，驱动身体里发现的所有潜能，将身体带到应对所有困难时都保持安全和优越的地方。在身体的每一次活动中，我们可以从每一种表达和症状里看到心理意图的传达。某个人活动了，在他的活 28
动中就有意义。他转了转眼睛，变了下声调，收缩了面部肌肉。他的面部表情就是一种表达、一种意义。在此表达意义的正是心理。如今我们逐渐明白心理学真正处理什么问题，或者心灵的科学真正应对什么问题。心理学的领域在于探索个体所有表达中包含的意义，寻找了解其目标的方法，并将其与别人的目标进行比较。

在努力寻找安全的最终目标时，心理必须得使目标具体化，并计算“安全处位于哪一特殊点，通过朝着这个方向努力来达到目标”。当然，也有发生错误的可能性，但没有一个明确的目标和设定的方向，身体就根本不会活动。当我举起手时，在我的心中必然已存在这种动作的目标。心理选择的方向事实上可能是灾难性的；但它之所以被选定，是因为心理早已错误地认为其是最有利的。因此，所有心理学的错误就是活动方向选择的错误。安全的目标是所有人共有的，但是有些人搞错了安全的方向，他们的具体活动误入迷途了。

如果我们看到一种表达或者症状，却无法识别背后的意义，那么首先要明白它的最佳方法是大致上把它还原为不加掩饰的活动。以偷窃为例，偷窃就是将财物从别人那儿转移到自己这边来。现在我们考察这个活动的目标：他的目的就是使自己富有，拥有更多以感到更安全。因此，活动的出发点便是贫穷和缺乏。接下来就是个体身处的环境以及他觉得缺乏的情境。最后我们可看到：他是否采取了正确的措 29
施来改变这些环境，克服缺乏感；活动是不是在正确的方向上；或者他是否误解了自己所渴望得到安全感的方法。我们无需指责其最终目标，但是可以指出他在具体操作时选择了错误的方法。

人类对其环境所做的改变，我们称之为文化。我们的文化是人们的心理对身体开展的所有活动的结果。我们的工作受心理的激发。身体的发展得到心理的指引和帮助。我们终归找不到一种没有心理目标的单独表达。然而我们绝不期望心理过分压制身体的作用。如果我们要克服困难，身体健康就很有必要。因此，心理以身体得到保护的方式参与控制环境，以免遭病痛、死亡、损害、事故以及功能的损伤。我们感到快乐和痛苦、造成幻想、识别好坏环境的能力，都有助于目标的实现。这些感觉塑造了身体，以一定的反应类型来适应环境。幻想和识别是预测未来的方法；不仅如此，它们还激发许多感觉，与身体行动保持一致。个体的感觉以这种方式承受其赋予生活的意义，以
30 及为其努力所设定目标的印象。虽然它们在很大程度上支配着身体，但是却依赖着身体：它们始终都主要取决于个体的目标以及随之产生的生活风格。

很明显，支配个体的不仅仅是个体的生活风格。没有进一步的帮助，他的态度就不会引发症状。他们必须受到感觉强化后，才会产生行为。个体心理学中的新观点就是，我们观察到这些感觉从来都不会和生活风格相矛盾。目标一经确定，感觉就总要适应自己以获得目标。因此，我们不再处于生理学或者生物学领域了；感觉的出现无法用化学理论解释，也不能用化学测验来预测。虽然我们必须在个体心理学中预先假定生理过程的存在，但是我们却对心理目标更感兴趣。我们并不那么关注焦虑影响了交感和副交感神经，而是要寻找焦虑的目的和结果。

焦虑不能以这种方法被认为是由性压抑所引起的，或者是由灾难性出生经验的后果所留下的。这种解释偏离了中心。我们知道习惯有母亲陪伴、帮助和支持的儿童，可能会认为焦虑——无论其来源——

是控制母亲的一种有效武器。我们并不满足于对愤怒的身体描述，我们的经验告诉我们，愤怒是主导一个人或者一种情境的策略。我们理所当然认为，身体和心理的表达必须以遗传物质为基础，但是我们的注意却指向运用这种工具努力达到明确的目标。似乎这才是唯一真正 31
的心理学方法。

我们在每个个体身上看到，情感在他获得目标所必要的方向和程度上得以形成并得到发展。他的焦虑或者勇气、愉快或者悲伤，总与他的生活风格一致：它们适当的强度和表现正是我们所期望的。用悲伤实现优越感目标的人并不会快乐，也不会满足于自己的成绩。当他痛苦时，才会幸福。我们也会注意到，情感在需要时会出现或者消失。患有广场恐怖症的父母，当他在家里或者支配另一个人时，就失去了恐惧感。所有神经症病人都选择避开生活中不能使他们强大到做征服者的每一方面。

情感的格调如同生活风格一样被固定下来。例如，懦夫始终是懦夫，虽然他对弱者强悍，或者在受到别人保护时看似勇敢。他可能会给门配上三把锁，用警犬和防盗器保护自己，坚信自己勇气十足。没有人能证明他的焦虑，但是，他用来保护自己的方式就足以表明他懦弱的性格。

性和爱情的领域给出了相似的证明。个体渴望达到他的性目标时，属于性的感觉就出现了。他集中注意，有意排除相冲突的任务和不一致的兴趣，因此他唤起了恰当的感觉和功能。这些感觉和功能的缺失——比如性无能、早泄、性倒错和性冷淡——都是由于拒绝不恰当的任务和兴趣造成的。这些异常总是受到错误的优越感目标和错误 32
的生活风格的诱导。我们通常在这些案例中发现：期望关心而不是给予别人关心，社会兴趣的缺失，以及在勇敢、乐观活动中遭遇失败等倾向。

我的一位患者，家中排行第二，经受了非常严重的无法逃避的内疚感。他的父亲和哥哥极其重视诚实。七岁时，他告诉学校的老师独自做完了一份作业，然而事实上是哥哥帮他做完了作业。男孩隐藏其内疚感长达三年，最终还是跑去见老师，承认了可怕的谎言。老师只对他笑了笑。接下来，他噙泪见父，二度认错。这次他更加成功。父亲自豪于孩子热爱真相，他赞许并安慰了孩子。尽管父亲原谅了孩子，但孩子还是持续情绪低落。我们不得不得出如下结论：因为这件小事，男孩残酷地责备自己，忙于证明他为人诚实且审慎小心。他家里高尚的道德氛围给了他在诚实方面超越别人的动力。在学业和社会吸引力方面，他觉得比哥哥卑微，他就试图通过其他途径来达到优越。

在后来的生活中，他也遭遇了其他类型的自我责备。他出现了手淫行为，未能在学习中完全戒除撒谎行径。他的内疚感在考试前日益增多。因为敏感的良心，他比哥哥负担更重。因此他找借口为失败做
33 准备来平衡自己。离开大学后，他计划从事技术工作，但是强迫性的内疚感如此深刻，以至于他整天祈祷上帝会原谅他。因此，他就无暇工作了。

直到如今，他的情况如此之糟糕，以致他被送进了收容所。他被认为是无法治愈了。然而，一些时日以后，他得到了改善，离开了收容所。如果他旧病复发的话，就要被再次送进收容所。他变换了工种，并学习起艺术史。考试的日子临近。他在一个公共假日去了教堂。他跪倒在众人面前，大吼道："我是天底下最坏的人。"他再次以这种方式成功吸引人们关注他那敏感的良心。

在收容所过了一些时日后，他回家了。一天，他竟然赤身裸体去吃午饭。他体格健美，在这一方面他与哥哥以及别人不相上下。

他的内疚感是使他比别人显得诚实的一种方法，他以这种方式努力获得优越。然而，他的努力指向了生活无用的一面。他对考试和职业工作的逃避，给了他一种怯懦的信号以及高度的不胜任感，他的所

有神经症是对他害怕失败的每种活动的有目的的逃离。他在教堂的跪倒行为和他冲动地进入餐厅，显然是以卑劣的手段寻求优越的同一种努力。他的生活风格需要这些行为，他诱发的这些感觉完全恰当。

正如我们已看到的，在生命的最初四五年里，个体正在建立心理 34
的整体，建构身体和心理之间的关系。他使用了遗传的物质和从环境中接收到的印象，并用来寻求优越。到第五年年末，他的人格已得到固定。他赋予生活的意义、所追求的目标、使用方法的风格，以及性情都得到了固定。这些在以后都可以改变，但是他只有在不受到童年时期固定成形所包含的错误的影响时，它们才能改变。他以前所有的表达都和生活的解释一致，因此现在，假如他能纠正错误，他的新表达就会和新解释一致。

个体正是凭借其器官才接触到环境，并从中接受印象。因此，我们可从他训练自己身体的方式中看出，他准备从环境中接收的某种印象以及尽力使用的经验。假如我们注意到他观察、聆听的方式以及吸引他注意的事物，那么我们会对他了解更多。这就是情境如此重要的缘由；它们向我们展示了，器官的训练方式以及如何运用器官来遴选印象。情境通常受到意义的限制。

现在我们对心理学的定义做一些补充。心理学就是个体对身体印象的态度的理解。我们也开始看到，人类的心理是如何逐渐出现巨大
差异的。对环境适应不良以及满足环境的要求困难重重的身体，通常 35
都被心理认为是种负担。鉴于这个原因，有器官缺陷的儿童在心理发展过程中比正常儿童会遇到更大的阻碍。对他们的心理而言，影响、移动以及控制他们的身体向优越方向前进会更难。假如他们要获得同一个目标，其心理就需要做出更大的努力，心理集中度比别人也更高。因此心理变成了负担，他们变得以自我为中心且自私自利。当一名儿童受到器官缺陷和行动困难的困扰时，他就无暇注意身体之外是什么。他既没有时间也没有自由对别人感兴趣，结果是长大了缺乏更

高的社会情感和合作能力。

器官缺陷带来了许多阻碍，但这些阻碍绝不是逃脱不了的命运。
如果心理本身积极主动，又努力训练去克服困难，那么个体能和起初
负担较轻的人一样成功。事实上，有器官缺陷的儿童，尽管有障碍，
却可以比那些正常儿童取得更大的成就。阻碍是对进一步前进的一种
激励。比如，一个男孩因为眼睛缺陷而可能遭受非同寻常的压力。他
要花费更多精力去努力看清，他对可见的世界给予了更多的注意，他
更喜欢分辨颜色和形状。结果，他比从不需要努力或者花心思分辨
细小差异的儿童，对可见的世界渐渐拥有更多的经验。因此，只有
心理找到了克服困难的正确方法，器官缺陷才会变成拥有巨大优势
36 的源泉。据知，大部分画家和诗人都曾患有视力缺陷。这些缺陷已
得到训练良好的心理的控制，最终他们会比其他更近常人者运用眼
睛于更多的目的中。也许在那些不被认为是左利手的左撇子儿童
中，人们更容易看到这种补偿。在家里，或者在学校开始的那些时
日，他们受到运用有缺陷的右手的训练。他们因此真正擅长写作、
绘画或者技艺。我们可能会期望，假如心理可用来克服这种困难，
这种有缺陷的右手就会发展出高度的艺术感。事实就是这样。左利
手儿童比别人更善于书写，在绘画方面更有天分，或者技艺更精
湛。找到了正确的技术，加上兴趣、训练以及练习，他们将劣势转
化为优势。

只有渴望对整体有所贡献而兴趣又不在于自身的儿童，才会成功
地训练以补偿不足，如果儿童只渴望自身摆脱困难，他们就会继续发
展迟缓。只有当他们当前有为之努力的目标，且目标的实现比阻碍的
障碍对他们更重要时，他们才会保持勇气。这是他们的兴趣和关注指
向何处的问题。假使他们正努力获得自身外部的某个物体，那么他们
37 会很自然地训练并且武装自己以获得此物。困难只代表成功路上要克
服的方向。另一方面，假如他们的兴趣在于强调其弱点或者没有目的

地与弱点搏斗，期望摆脱弱点，那么他们将不会取得实质性进步。笨拙的右手不会因为担忧、期望不再笨拙或者避免笨拙而被训练成为熟练的右手，它只有在练习出实际成绩后才会熟练，对成绩的激励比至今存在于笨拙中的挫折给人更深的感受。如果一名儿童聚集力量、克服困难，那么在他身外会存在行动的目标。这个目标以对现实、别人以及合作的兴趣作为基础。

我对患有肾脏缺陷家庭的研究，是遗传性缺陷被转变运用的好例子。这些家中的孩子常常尿床。器官缺陷是真实的，它在肾脏、膀胱或者脊柱裂中都有所显示。腰椎区域皮肤上的胎记或者青痕，常常被怀疑是类似的缺陷。然而，器官缺陷无论如何都不足以解释尿床。儿童不受其器官的强制，他以自己的方式运用它们。比如，一些儿童夜里弄湿了床，白天却不会弄湿自己。有时环境或者父母态度一旦改变，习惯就会突然消失。假如儿童停止将器官缺陷应用于错误的目的上，尿床就可以被克服，但是心理脆弱的儿童却做不到。

然而，尿床的儿童大部分都没有被激励去克服它，而是继续下 38
去。经验丰富的母亲会给予正确的训练，但是假使母亲经验不足，不必要的弱点就会持续下去。在患有肾脏问题或者膀胱问题的家庭中，与小便有关的事常常被过分强调。然后母亲就会错误地努力尝试各种方法以消除尿床行为。如果儿童注意到这方面的价值，他就很有可能抗拒。这会提供他宣称反对这种教育的良好机会。假使儿童抵抗父母对他进行的治疗，那么他会一直寻找自己的方法，去攻击父母最大的弱点。德国一位著名的社会学家发现：罪犯中令人惊讶的比例是来自从事压制犯罪职业的家庭，以及来自法官、警察或者狱警这样的家庭。教师的子女常常顽固不化。我在个人的经验中常常发现这些都是真的。我也发现：医生子女中患有神经症儿童的数目，以及宗教管理者子女中不良少年的数目都很令人惊讶。同样地，父母过分重视排尿行为，子女就会用一种很明确的方式来表明他们有自己的意志。

尿床给我们提供了很好的例子来说明：梦如何唤起恰当的情绪
来配合我们打算采取的行动。尿床的儿童常梦到：他们已离开床，
去了卫生间。他们以这种方式为自己开脱，现在他们完全有权尿
床。尿床的所图一般而言就是吸引别人的注意，使别人顺从他，要
39 别人白天和夜晚一样注意他。有时这种习惯也是对抗方法，它是种
敌意的声明。我们从各个角度都可看到：尿床其实是一种具有创造
性的表达。儿童用膀胱代替嘴讲话。器官缺陷给他们提供了自我观
点表达的方法。

以此种方式表达自己的儿童总是处于一种紧张状态中。他们通常属于受宠儿童这个群体，这些儿童失去了唯一注意中心的位置。也许另一名儿童出生后，他们发现确保母亲不分散注意将更加困难。所以尿床代表了与母亲密切联系的行动，即便是通过不愉快的方式。它有效地说明了："我并非你想象的长得那么快，还需要被人照应。"在不同环境下或者在不同的器官缺陷下，他们会选择其他方法。比如，他们可能会使用声音来建立联系，他们会在这种情况下彻夜不休地哭闹。一些儿童会夜游，做噩梦，跌下床或者口渴要水喝。这些表述的心理内涵都是相似的。症状的选择部分取决于器官情境，部分取决于对环境的态度。

这些情境都很好地表明了心理对身体施加的影响。心理很有可能
不只是影响身体特殊症状的选择，还支配和影响着整个身体的结构。
40 我们对此假设并没有直接证据，也很难看出如何来获取一份证据。然
而证据似乎已足够清楚。假如一个男孩胆小害羞，那么他的害羞会反
映在整个成长过程中。他不关心身体上的成就，或者他也不认为自己
有可能实现。结果是，他不会以有效的方式训练肌肉，他会排除通常
刺激肌肉发展的所有外部印象。其他对肌肉训练感兴趣且受到影响的
儿童在身体适应性方面遥遥领先，因为他的兴趣被阻止了，所以他仍
然落后。

我们可以从这些思考中直接得出结论：身体的整个形状及其发展受到心理的影响，同时也反映了心理的错误或者缺陷。我们常常观察到，身体的表达主要是心理找不到补偿其困难的正确方法所造成的最终结果。比如，我们会认为，内分泌腺可能会受到最初四五年生活的影响。有缺陷的腺体不会对行为产生强制性的影响；另一方面，它们反而会不断受到整个环境、儿童找寻接受印象的方向，以及在感兴趣的情境中心理的创造性活动等这些因素的影响。

另外一个证据也许更易理解和接受，因为它更为熟悉且指向一个暂时的表述，而不是身体的固定位置。就某种程度而言，每种情绪在身体上都能找到一些表达。个体以一些可见的形式将他的情绪表达出来，也许是表现在他的姿势和态度上，也许是在面部表情上，也许是
在腿和膝盖的颤抖中。器官可能会发现类似的变化。例如，假使他脸 41
色羞红或者变得苍白，他的血液循环就会受到影响。在愤怒、焦虑、悲伤或者其他情绪中，身体就会一直说话。每个人的身体都以自己的语言说话。当一个人处在他害怕的情境中，他就会颤抖，另一个人的头发会一直竖着，第三个人则会心跳加快，还有其他人会出汗或者窒息，说话嘶哑或者身体痉挛，畏缩不前，有时身体肌肉也会受到影响，比如食之无味或者引起呕吐。对于有些人，他们的膀胱主要受到这些情绪的刺激，其他人则会是性器官受到刺激。许多儿童接受测验时会觉得在性器官上受到刺激。众所周知，罪犯犯罪后会频繁地去卖淫场所，或者找他们的心上人。我们在科学里发现，有心理学家宣称性和焦虑相互关联，还有心理学家主张二者没有关系。他们的观点都取决于个人的经验，对于一些人而言是种关联，对另一些人则是毫无关系。

所有这些反应都属于不同类型的个体。它们可能被发现是某种程度上的遗传，这种身体表达常常给我们提供家族的弱点和特点的线索。家庭的其他成员可能做出类似的身体反应。然而，此处最有趣的

是，我们可以看到心理如何借助各种情绪激活身体状况。各种情绪及其身体表达告诉我们，心理在它解释为有利或者不利的情境下，如何做出行为和反应。例如，个体发脾气时希望尽可能快速地克服他的不
42 足。看似最好的方法便是指责或者攻击另一个人。愤怒转而影响器官：动员它们行动起来或者对它们增加额外的压力。一些人在愤怒的同时会犯胃病，或者面色通红。在偏头疼或者习惯性头痛背后，我们通常发现未被承认的愤怒或者羞辱，对一些人而言，愤怒导致了三叉神经痛或者癫痫性的痉挛。

身体受心理影响的方法还未曾被完全探讨清楚，我们也不可能对它们做出详尽的解释。心理紧张对自主神经系统和非自主神经系统都会产生影响。只要一紧张，自主神经系统就会有所行动。比如个体猛敲桌子、拉嘴唇或者撕碎纸片。假如他一紧张，他就会以这些方式行动。咬铅笔或者雪茄也可以让他发泄紧张。这些动作告诉我们，他认为自己面对这些情境时力不从心。他在陌生人群中无论是面色通红，还是开始颤抖或者抽搐痉挛，同样都是紧张导致的结果。紧张通过自主神经系统传遍全身。因此，对每种情绪而言，整个身体都处在紧张之中。然而，这种紧张的表现并不是在每一点上都一样的清晰，我们所说的症状只在那些发现结果的地方。假如我们更细致地检查就会发现，身体的每一部分都包含在一种情绪表达
43 中。这些身体表达是心理和身体行动的结果。因此有必要在身体上找到心理或者在心理上找到身体的这些相互反应，因为二者都是我们所关注的整体的一部分。

我们从这些证据中合理地推断出：一种生活风格和相应的情绪倾向对身体发展会产生持续的影响。假如儿童很早就固定了生活风格，我们经验又足够丰富，我们就会发现后来生活中产生的身体表达。勇敢的人会将他对态度的结果表现在体格中。他的身体被塑造得与众不同，肌肉更强壮，身体的姿势也更加坚定。态度可能对身体的发展产

生相当大的影响，也可以对肌肉较发达的原因做出部分解释。面部表达在勇敢个体身上有不同的体现，结果是他的整个容貌都与众不同，甚至骨骼的构造也会受到影响。

如今我们很难否认心理也会影响大脑。病理学的许多个案表明：个体由于左半脑的损坏丧失了阅读或者写作的能力，但是却有可能通过训练大脑的其他部分来恢复这种能力。常常有这种情形发生：个体患有中风，不存在修复大脑损坏部分的可能性，然而大脑其他部分却可以补偿，并恢复器官的功能，因此再度完善大脑的功能。这一事实对帮助我们展现个体心理学教育应用的可能性尤其重要。假如心理可以对大脑施加这种影响，且大脑不过是心理的工具——虽然是最重要 44
的工具，但仍然是工具——我们就会找到发展和改善这种工具的方法。生来大脑就不符合一定标准的人，并非一定不可避免受其束缚地生活，他可以找到使其大脑更适合生活的方法。

将目标固定在错误方向上的心理——比如，没有形成合作的能力——无法对大脑发展产生有利的影响。鉴于这种原因，我们发现许多缺乏合作的儿童在后来的生活中显示出，他们没有发展出智力以及理解能力。因为成人的整个举止揭示了他在生命最初四五年所建立起来的生活风格，而且我们可以明显看到统觉图式和他赋予生活的意义的结果，所以我们可以发现他所遭遇的合作障碍，并帮助他纠正其中的错误。在个体心理学中，我们已向科学迈出了第一步。

许多学者已指出心理表达和身体表达之间的恒定关系。但是好像没有哪个人尝试着发现二者之间的联系。例如，克雷奇默（Kretschmer）描述了，我们如何在身体构造中发现与某种心理类型相对应的个体。因此他有能力将大部分的人区分成许多类型。比如有肥胖型的人，脸圆而又鼻短，以及有肥胖倾向的个体，其中之一—— 45
恺撒大帝——曾说：

“我愿四周的胖子围我左右，头颅光滑，彻夜长睡。”[1]

克雷奇默认为这种体格与特殊的心理特质有关，但是他的工作并没有弄清楚这种联系的原因。在我们的情境中，这种体格的个体不会显示出患有器官缺陷，他们的身体很好地适应了我们的文化。他们认为在身体上和别人平等。他们对自己的优点也很自信。他们不紧张，假如他们希望竞争，那么他们会觉得有能力争斗。然而，他们也无需把别人视为敌人，或者与看似充满敌意的生活斗争。一种心理学流派称他们为“外向者”，但却没有提供任何解释。我们期望他们是外向者，因为他们在身体上没有遭受到任何困难。

克雷奇默区分的一种相反类型是精神分裂症，或者瘦小，或者异同寻常地高大，长鼻，蛋形脸。他们认为这些人保守而且内向，假使他们遭受心理困惑，就会得精神分裂症。他们就是恺撒所称的另一种类型：

“卡修斯面黄肌瘦，他颇有心计，这种人很危险。”[2]

也许因为这些个体有器官缺陷，所以长大了更自私、更悲观、更
46 内省。也许他们比别人有更多要求，当发现自己被关照得不够时，他们就会变得怨恨而且多疑。然而，我们可以发现，正如克雷奇默所承认的，许多混合的类型，甚至肥胖型的人也能形成属于精神分裂症患者的心理特质。我们可以理解这一点，假如他们的环境以另一种方式使他们背负重担，他们就会变得胆小而且气馁。我们可以利用系统的挫折，使任何一名儿童的行为举止变成精神分裂者那样。

如果我们有丰富的经验，就可以从个体的部分表达中，识别出其合作能力的程度。不明白这一点，人们就会一直寻找这种信号。合作的必要性一直给我们施压，而我们也一直凭直觉而非科学发现暗示，来告诉我们如何在混乱的生活中更好地指引自己。我们以同样方法可

---

① 《尤里乌斯·恺撒》，第一幕，第二场。

② 同上。

看到，在所有历史大变革之前，人们的心理已经认识到变革的必要性，努力实现变革。如果努力只是本能的话，就很容易犯错。人们通常不喜欢有非常显著身体特征的人，比如身体畸形或者驼背。不了解这一点，他们就会断定他们不适合合作。这是极大的错误，但他们的判断有可能以经验为基础。目前还尚未发现有哪种方法来增加患有身体畸形个体的合作程度，然而他们的缺陷被过分强调了，他们成为了大众迷信的牺牲者。

现在让我总结一下自己的观点。在生命的最初四五年里，儿童统 47
一其心理的努力，并在心理和身体之间建立根本的关系。他会采用固定的生活风格，以及相应的情绪和身体习惯。他的发展包括或多或少、不同程度的合作，这来自我们学习判断和理解个体合作的程度。在所有的失败者中，最多的共同点是合作能力非常差。我们现在可以对心理学做进一步的界定：心理学就是对合作中缺陷的理解。因为心理是一个整体，且同一生活风格贯穿其所有表达，所以个体的所有情绪和思维都必须与其生活风格保持一致。如果我们看到情绪明显地引起困难，且与个人福祉相违背，那么仅仅尽力改变这些情绪完全没用。这些情绪都是个体生活风格的正常表达，只有个体改变了生活风格，这些情绪才会根除。

个体心理学在此处对我们的教育和治疗前景给予了特别的提醒。我们绝不能只治疗一种症状或者单一的表现：我们必须在整个生活风格中，在心理解释其经验的方式中，在它赋予生活的意义中，以及它为回应从身体和环境接收到的印象而做出的行动中，找到它所犯的错误。这才是心理学的真正工作。如果我们拿针刺小孩，看他跳多高，或者搔他痒，看他笑声多大，这些实在不适合称为心理学。这些做法普遍存在于现代心理学家中，虽然它们实际上告诉了我们个体心理学
的某些东西，但只给我们一种固定的、特殊的生活风格的证据。生活 48
风格才是心理学最合适的研究内容和对象，很多学派采用的其他内容

的主要部分都是生理学或者生物学。对那些研究刺激和反应的人、尝试追踪创伤影响或者令人震惊的经验的人，以及考察遗传能力并指望明白它们如何展现自己的人而言，这种说法都是正确的。然而，在个体心理学中，我们正思考心理本身以及整体的心理。我们考察个体赋予世界和自己的意义、目标、努力的方向以及他们处理生活问题的方法。迄今为止，我们拥有的理解心理差异的最佳途径便是考察合作能力的水平。

第三章
自卑感与优越感

“自卑情结”，个体心理学最重大的发现之一，似乎已举世闻名。 49
许多流派的心理学家采用了这一术语，并在自己的实践中使用这个词。然而，我并不确信，他们的确理解了或者使用着它的正确意义。例如，告诉患者他有自卑情结，对我们并没有帮助，因为这样做只会压制自卑感，而不是向他展示如何战胜自卑。我们必须识别出他在生活风格中显示的特殊气馁，我们必须在他缺乏勇气之处鼓励他。每个神经症患者都带有自卑情结。由于他有自卑情结，而别人没有，所以没有哪个神经症患者能将自己从其他神经症患者中区分开来。我们通过了解使他感到无力延续有用生活的情境的种类，以及他加在其努力和活动上的局限，将他和别人区分开来。假如我们对他说：“你有自卑情结。”这不能给他更多信心，这等于告诉一个头疼的人：“我可以告诉你，你得的就是头疼！”

许多神经症患者，当被问到是否感到自卑时，他们会说：“一点也不。”一些人甚至回答：“恰恰相反。我很清楚自己比周围人优越。”我们无需去问，我们只需要观察个体的行为。我们要注意他使用何种
戏法保证自己的重要性。例如，假使我们看到某个人很傲慢，我们便 50
可猜测他会认为：“别人容易忽视我。我必须表明我是某人。”假使我们看到有人说话时手势很多，我们可猜他会认为：“如果我不强调的

话，我的话就没有什么分量。”对于举止上似乎优越于别人的人，我们会怀疑他是否需要做出非常特殊的努力来隐藏自卑感。这就像一个人担心他太矮小，就会踮起脚尖使自己看起来更高大。有时我们也会看到这种特殊的行为，当两个孩子比较身高时，其中一个担心他更矮，于是就会伸直腰，并紧张地保持这种姿势，努力使自己看起来更高大。假如我们问这种孩子：“你认为你太矮吗?”我们几乎不期望他承认这一事实。

但是，这不意味着，有强烈自卑感的个体就显得顺从、安静、克制且不惹人讨厌。自卑感以千万种方式表达自身。也许我可以用三个孩子第一次被带进动物园的故事来说明。当他们站在狮子笼前面时，其中一人畏缩在他妈妈后面，颤抖地说道：“我想回家。”第二个孩子站在那儿，脸色苍白，瑟瑟发抖地说：“我一点也不怕。”第三个孩子狠狠地盯着狮子，问他妈妈：“我可以向他吐唾沫吗?”这三个孩子确实感到了自卑，但每个人都以与其生活风格一致的方式表达他的感觉。

51 自卑感就某种程度而言普遍存在于我们身上，因为我们发现自己希望改善自身。如果我们抱有勇气，我们就会以直接、务实和满意的方式——通过改善环境——着手摆脱自卑感。没有人可以永远承受自卑感，如果需要一些行动的话，他就会进入紧张的状态。但是假想一个人缺乏勇气，假如他不认为如果他做出了实质性的努力，环境就会改善，那么他依然无法承受自卑感。虽然他会努力摆脱自卑感，但是他竭尽所能却未让自己更进一步。他的目标依然是“不屈服于困难”，但他不是在克服阻碍，而是尽力沉醉或者陶醉于优越感中。同时，他的自卑感会与日俱增，因为产生自卑感的环境并未得到改变。这种挑战仍然存在。他采取的每一步都在进一步欺骗自己，所有问题也会越来越急切地压迫自己。假使我们不理解这些行为，那么我们会认为他们毫无目标。他们不会留给我们有意要改善环境的印象。然而，一旦我们明白了，他像别人一样一直努力寻求一种胜任感，而不是放弃改变客观环境的希望，他所有的行动就开始连贯起来。如果他感到软弱无力，他就会搬到他感觉强大的地方。他不会练就得更强大、更胜任；他只为了在自己眼里显现得更强大而锻炼。他努力欺骗自己会获得部分成功。假如他感到不能应付日常生活中的各种问题，他就会尝试着做暴君来重新保护自己的重要性。他会以这种方式麻醉自己，但 52
是真正的自卑感依旧存在。它们是受同样旧有环境激起的同样旧有的自卑感。它们会变成心理生活持续的暗流。在这种情形下，我们才可以真正地谈论自卑情结。

现在是时候对自卑情结做个界定了。当个体对面临的问题没有做好恰当的准备或者应对，且他认为自己无法解决时，自卑情结就出现了。我们可以从这个定义中看到，愤怒与泪水或者道歉一样都是自卑情结的表达。因为自卑感常常引起紧张，所以就有种朝向优越感的强制性行动，但却不再指向解决问题。因此朝向优越感的行动指向了生活无用的部分。真正的问题被掩盖或者排除了。个体尽力限制行动的范围，更专心于避开失败，而不是追求成功。他会在困难面前犹豫、停滞，甚至是后退。

这种态度很容易在广场恐怖症案例中看到。这种症状表达了这种观点："我不可以走远，我必须待在熟悉的环境里。生活充满了危险，我必须避免遭遇危险。"当这种态度得到一贯执行时，个体就会待在房间里，或者回到床上，躺在那儿。面对困难，最彻底的退缩表现便是自杀。个体向面对的所有生活困难屈服了，并表达了这种观点：他 53
无法使环境更好。当我们意识到自杀常常是责备或者报复时，我们就能理解自杀是对优越的追求。对于每一种自杀，我们总是发现：死者将死亡的责任归咎于某人。就像自杀者在说："我是所有人中最温柔、最敏感的，而你却用最残忍的手段对待我。"

在某种程度上，每个神经症患者都会限制自己行动的范围，以及他与整个环境的接触。他尽力与要真正面对的三种生活问题保持一定的距离，并将自己限制在能够主宰的环境中。他以这种方式为自己建造一个狭窄的陋室，关上门，远离风雨、阳光和新鲜的空气，过自己的生活。不管他是用欺负还是用抱怨来主宰环境都取决于他的训练：他会选择已测验过的最好的、找到对其目的最有效的策略。有时，如果他对一种方法不满意，他就会试试其他方法。无论如何，目标都一样——获得优越感，而非致力于改善情境。缺乏勇气的孩子发现泪水是驾驭别人的最好武器，他们会变成爱哭的小孩，其成长的直接路线便是从爱哭的小孩到成人忧郁症患者。泪水和抱怨——我称之为“水的力量”的方法——是阻碍合作以及将别人贬低为奴役者的极佳武器。对于这类人而言，和有过害羞、尴尬以及内疚感的人一样，我们
54 会在其外表上发现自卑情结，他们会轻易地承认自己的不足，以及无力照顾别人。他们隐藏起来而不为人所见的是至高无上的目标，和不惜一切代价想要超越别人的渴望。另一方面，自吹自擂的儿童初看来就显现出他的优越感，假如我们观察他的行为，而不是言语，我们不久就会发现不被承认的自卑感。

所谓的俄狄浦斯情结实际上只是神经症的“勉强稳固”的特殊例子。假使一个人在这个世界上通常都害怕面对爱情问题，那么他就无法成功解决这个问题。假如他限制家庭圈子的行动范围，那么他会发现自己对性欲的追求也只能在其限制范围内得以实现，这并不令人奇怪。由于他的不安全感，他从不将自己的兴趣扩大到少数熟悉的人之外。他担心与别人相处时不能以自己习惯的方式主宰。俄狄浦斯情结的牺牲品是受母亲娇惯的儿童，她们受过教育使他们认为，他们的愿望天生就是可实现的，而他们从不明白，由于自己的努力，他们在家庭之外会赢得情感和爱情。他们在成年生活中仍然维系于与母亲的关联中。他们在爱情中不去寻找平等的同伴，而是奴仆。他们确信，他们的母亲是支持他们的仆人。在任何孩子身上，我们都可能诱发出俄

狄浦斯情结。我们所需要的是让他的母亲娇惯他，不准他把兴趣延展到别人身上，让父亲对他冷漠或者不关心。

受限行动的情境是所有神经症症状表现出来的。在口吃者的语言
中，我们看到他犹豫的态度。残存的社会情感驱使他与同伴交流，但 55
是他对自己的低信念，对即将而来测验的恐惧，与他的社会情感争执
不下，他在言语中犹豫不决。学校的后进生，到了三十岁或者更大都
没找到工作，或者掩盖婚姻问题的人们，必须反复做出同一种行动的
强迫性神经症患者，因日常任务而厌倦自己的失眠症患者——所有这
些人在解决生活问题时都隐藏了阻碍他们取得进步的自卑情结。手
淫、早泄、阳痿和性欲倒错都显示出一种犹豫不决的生活风格，随之
而来的是和异性接触时出现了对不胜任感的恐惧。假如我们问："为
何害怕不胜任?"至高无上的伴随目标就会显现出来，回答只会是：
"因为个体为自己设立了如此高的成功目标。"

我们已经讲过，自卑感并不是变态本身。它是人类地位提升的缘
由。例如，科学出现在当人们感到他们的无知和他们需要预见未来
时：它是人们改善整个环境，对宇宙做更进一步的了解，试图更好控
制情境时努力的结果。实际上，在我看来，我们所有的文化都是以自
卑感为基础的。假如我们想象一个不感兴趣的观察者造访我们的星
球，那么他会坚定地得出结论："这些人类呀，看他们所有的协会和
机构，看他们对安全的所有努力，如挡雨的所有屋顶、保暖的衣服、 56
使交通更便捷的街道，他们明显感到自己是地球上所有居住者中最弱
小的。"人类在某种程度上是最脆弱的生物。我们没有狮子或者大猩
猩的力量，许多动物更适合于单独面对问题。一些动物通过联盟来补
偿自己的不足——他们成群结队地群居在一起，但是人类比我们在世
界上发现的其他任何生物都需要更多的、更深层的合作。儿童尤其脆
弱，他需要多年的照顾和保护。因为每个人都曾一度最年轻、最脆
弱，因为人们不合作就会完全受环境支配，所以我们可以理解：没有

受过合作训练的儿童如何不可避免地陷入悲观以及固定的自卑情结。我们也能理解：生活会继续给最善于合作的个体提出问题。没有哪个人会发现自己已经达到了优越的最终目标，完全控制了环境。生命短暂，身体脆弱，生活的三个问题总是要求更丰富、更完善的答案。我们不停地接近答案，我们不会满足于既有的成绩而止步不前。无论如何，努力都会继续，但是对于合作的个体，这会是充满希望且贡献良多的努力，它指向了对我们共同环境的真正改善。

我想，没有人会担心，我们最终不会达到生活的最高目标。假如我们想象一个人或者人类整体，已达到了没有任何困难的情境，那么
57 我们会认为生活在那些情境中一定很无聊。此外一切都可以预见，一切都可以事先计算。第二天不会带来意想不到的机会，对未来没有任何可以期望的。我们在生活中的兴趣主要源于缺乏确定感。如果我们都很确信，如果我们知道一切，就不再有讨论和发现。科学也已走向终点。我们周围的世界将只是老生常谈的故事。以对不曾获得目标的想象来愉悦我们的艺术和宗教，将不再有任何意义。生活不会被轻易耗竭，这就是我们丰富的财产。人们的努力是持续的，我们会一直发现或者产生新问题，并为合作和贡献创造新机会。神经症患者起初受到阻碍，他的解决方法停留在低水平上，他的困难相对很大。更多正常个体将日益完善的问题解决之道置于身后，他会碰到新问题，获得新方法。这样，他就有能力帮助别人：他不会拖后腿，成为同伴的负担；他不需要，也不要求特殊的照顾；但是他会依照社会情感继续勇敢又独立地解决问题。

对每个人而言，优越感目标是属于个人的且独特的。它取决于他赋予生活的意义，这种意义不是言语的问题。它建立在生活风格基础之上，就像自我谱写的独特旋律一样贯穿生活始终。他没有在生活风格中表达他的目标，以致我们不能一劳永逸地进行规划。他表达得如此含混不清，使得我们必须从他给出的暗示中猜测。对生活风格的理

解就类似于对诗人作品的理解。诗人必须运用辞藻，但是他的含义更
甚于其运用的语词。他大部分的意义必须要猜测，我们必须在字里行 58
间阅读。因此，个人的生活风格是最深刻、最复杂的创作。心理学家
必须学会在字里行间阅读，必须学会欣赏生活意义的艺术。

除此之外，别无他法。生活的意义出现在生命最初的四五年。它
的出现不是通过一种数学运算过程，而是经过暗暗摸索，借助没有完
全理解的感觉，抓住线索并摸索其原因。优越感目标以类似的方式通
过摸索和猜测被固定下来，它是一种生活的努力和动态的倾向，而不
是在地图上绘制的确定点。没有人对自己的优越感目标清楚得能够完
全描述出来。也许他知道自己的职业目标，但是这些目标只不过是他
努力追求的一小部分。即使目标已被具体化，也会有成千上万种努力
朝向这个目标。例如，一个人想成为医生，但是做医生却意味着许多
不同的事情。他不仅希望成为内科专家或者病理学家，而且在自己的
活动中，还表现出对自己和别人的特殊程度的兴趣。我们可以看到，
他训练自己帮助同伴到何种程度，以及限制自己的帮助到何种程度。
他把这作为自己的目标，以补偿特殊的自卑感。我们必须能够从他在
职业以及其他方面的表达中猜测出补偿的特殊自卑感。例如，我们常
常发现，医生在其童年时期就早已熟悉了死亡这一事实，死亡是给他 59
印象最深的人类不安全的一方面。也许兄弟或者父母逝去了，他们以
后的锻炼发展就在于为自己和别人找到面对死亡更安全的方式。另一
个人可能把教师作为他的具体目标，但是我们很清楚教师之间的差异
有多么大。假使教师拥有低社会情感，那么他做教师的优越感目标可
能是控制比他地位低下的人。他只有与比自己更弱小、更没经验的人
相处时，才感到安全。拥有高社会情感的教师平等地对待学生，他实
际上希望对人类幸福有所贡献。我们在此无需多提教师的能力和兴趣
可能会有多大差异，所有这些表述会发现他们的目标有多么重要。当
作出具体目标时，必须要减少和限制个体的潜力，以适应这个目标；

但是整个目标和原型都会在这些限制下徘徊前进，无论在什么情形下，都会找到方法来表达生活赋予的意义，以及争取优越感的最终理想。

因此对于每个人，我们必须深入其里。一个人可能会改变使目标具体化的方式，就像他改变对自己具体目标和职业的表述一样。我们必须坚持寻找潜在的一致性以及人格的整体性。这种整体性在所有表达中都是固定的。假如我们拿一个不规则的三角形，将其放置于不同
60 的位置，每个位置似乎都给了我们不同三角形的印象，但是假如我们努力寻找，我们就会发现三角形一直都一样。因此，对于原型也一样，其内容绝不会由于任何一种表述而表露无遗，但是我们却可以在所有表述中识别出来。我们从不会对一个人说："假如你这样做或者那样做，你对优越感的追求就会得到满足……"对优越感的追求仍然灵活多变，实际上，一个人越健康、越正常，当他在某个特定方向受到阻碍时，他就越会发现努力的新机会。只有神经症患者才会认为他对目标的具体表述是："我必须拥有这个，否则什么都没有。"

我们不应尝试去轻易刻画对任何特殊优越感的追求；但是我们可以在所有目标中发现一个共同的因素——成为神的努力。我们有时会发现，儿童以这种方式相当坦率地表达自己，并说道："我想成为上帝。"许多哲学家也有同样的看法，教育家希望训练并教育儿童成为如上帝那样的人。在古老的宗教条例中，可看到同样的目标；条例会以他们变成上帝似的方式教育他们。成为上帝的理想以更温和的方式在超人的理想中表现出来，它是这样揭示的——尼采精神错乱后，在写给斯特林堡的一封信中，署名"被钉在十字架上的人"。精神错乱者常常毫不掩饰地表达他们的优越感目标。他们会宣称："我就是拿破仑。"或者："我就是中国的皇帝。"他们希望成为整个世界注意的中心，成为各方的关注，用无线电与整个世界联系，聆听所有谈话，
61 预测未来，成为超自然力量的主宰。也许，成为神的目标会以一种更

合理的方式出现，渴望知道一切，拥有普世的智慧，或者希望生命长存。无论是我们渴望地球生命长存，还是我们想象自己通过化身一次又一次来到地球，还是我们预见在另一个世界里永恒，这些希望都是以渴望成为上帝作为基础的。在宗教的教导里，上帝就是永恒，可以世世代代永存。在此我不探讨这些观念对错与否：它们都是对生活的解释，都具有意义；在某种程度上，我们都获得了这种意义——上帝或者上帝般的人。甚至无神论者都希望战胜上帝，比上帝更高一筹。我们可以看到，这是一种特别强大的优越感目标。

优越感目标一旦被具体化，在生活风格中就不会发生什么错误。个体的习惯和症状是非常适合达到其具体目标的，他们这样做无可非议。每一个问题儿童，每一个神经症患者，每一个酒鬼、罪犯或者性变态者都正采取合适的行动，来达到他们想要的优越位置。他们不可能攻击自身的症状，它们就是为拥有这种目标而应有的症状。某个学校的男孩，班里最懒的男孩，被老师问道：“你为什么功课如此之差？”他回答说：“如果我是这儿最懒的男孩的话，那么你会一直关注我。你绝不会注意好男孩，因为他们绝不会扰乱班级，而且功课优良。”一旦这成了他获取注意、支配老师的目的，他就会寻找最好的 62
方法实施。尝试着摆脱懒惰毫无用处；他因为目标而需要它。他是完全正确的，如果改变了行为，他就会是个笨蛋。另一个男孩在家里很听话，却看起来傻乎乎的；他是学校的后进生，在家里一点也不机灵。他有个哥哥大他两岁，生活风格与其完全不同。他很聪明，也很活跃，由于鲁莽总是麻烦不断。一天，有人听到弟弟跟哥哥说：“我宁可愚笨，也不愿莽撞。”假如我们承认了他的目标是逃避困难，那么他的愚笨根本就是装傻。因为愚笨，别人对他要求很少。如果他承认了错误，就不会受到指责。从他的目标来看，他是装傻，而不是愚笨。

直到如今，通常的治疗都是针对症状的。个体心理学在医学和教育领域都完全反对这种态度。如果一名儿童算术差，或者学校表现糟糕，那么将我们的注意集中在这些方面，尽力在这些特殊的表达中改善他，会毫无用处。也许他想使老师烦恼，或者甚至通过开除来完全逃避学校。我们在这一点上考察他，他就会寻找新的方法实现目标。对成年神经症患者同样如此。比如，假使他患有偏头痛，这些头痛对他就极其有用，当他最需要它们时，它们就会恰逢其时地出现。他可以通过头痛逃避解决社会问题；当他必须面对陌生人或者做出新决定
63 时，这些头痛就会出现。同时，它们可能会帮助他驾驭同事，或者妻子以及家庭成员。我们为什么会期望他放弃这种检测完好的设施呢？从他现在的观点来看，他给自己的痛苦只不过是一种明智的投资，这会带给他想要的所有回报。毫不怀疑，我们完全能以使他震惊的解释“吓走”他的这种病症，正如有时会以电击或者假装手术来吓跑战争神经症患者的症状。医学治疗也许会在这一方面救治他，使他更难去延续所选择的特殊症状。但是，只要他的目标不变，那么，当他放弃了一种症状时，就会发现另一种。例如，“治好”他的头痛，他会形成失眠症，或者其他一些新症状。只要他的目标不变，他就必须继续寻找它。神经症患者以令人惊讶的速度丢掉症状，毫不犹疑地接受新症状。他们变成神经症的收藏家，不断地扩充仓库。阅读一本有关心理治疗的书籍，只是向他们提供还没有机会尝试的更深层神经症困扰而已。我们必须寻找的就是这些症状被采纳的目的，以及这种目的与一般优越感目标一致的联系。

设想一下，有人给我上课的教室送来一把梯子，我爬上去了，坐在黑板顶端。任何人看到也许会想：“阿德勒博士太疯狂了。”他们不清楚梯子有何用，我为何爬上去，或者我为何会坐在这么尴尬的位
64 置。但是如果他们明白，“他想坐在黑板上，因为他感到自卑，除非他在体格上比别人高大，所以他只有能俯视同学时，才觉得安全”，那么他们就不会认为我很疯狂了。我想以一种优异的方式来达到我的

具体目标。梯子看起来像是一个可感觉到的装置，爬上梯子的努力也似乎准备周详，实施有效。只有在一点上，我会疯狂——对优越感的解释。假如我能被说服，我的具体目标是种错误的选择，那么我会改变行为。但是假如目标一直不变，梯子被移走了，我就会用椅子再试试；如果椅子再被拿走，我则会以跳跃、攀登、用力攀爬等方式来看看我能做什么。每个神经症患者都一样：他对意义的选择没有任何错误，并且这样做无可非议。这就是我们所能改进的他的具体目标。正因为目标可以改变，所以心理的习惯和态度也会改变。他不再需要原来的习惯和态度，适合他新目标的习惯和态度会取代它们的位置。

让我举一位三十岁妇女因为遭受焦虑和无力交友之苦，而到我这里来为例。她面对职业问题无法取得进展，结果她依然是家庭的负担。她不时地从事速记员和秘书之类的小工作，但是由于悲惨的命运，她的老板总是向她示爱，这让她非常惊恐，于是她只好离开公司。然而，有一次她找到了一个职位，老板对她并不太感兴趣，她就感到万分受辱，进而放弃了这份工作。她已接受心理治疗多年——我 65
认为有八年之久，但是对她的治疗没能使她更容易与人相处，或让她找到可以谋生的职位。

我从她童年的最初几年里寻找其生活风格的踪迹。不学着了解儿童的人是不会理解成人的。她是家中最小的孩子，娇小可爱，受宠之极。那时，她的父母条件很好，她只要表达出希望，就会如愿以偿。“为什么?”当我听到这些时，我说道，“你被宠得像个公主。”“莫名其妙。”她回答说，“每个人以前都喊我公主。”我问起她最早的记忆。“当我四岁时，”她说，“我记得离开了家，发现了一些正在玩游戏的孩子。每个人都跳啊叫啊：‘巫婆来了。’我很害怕。回家后，我问起一位和我们住在一块儿的年长妇女，是否真的有女巫存在。她回答说，‘是的，有女巫、盗贼和强盗，他们都会跟着你。’”从此处我们可以看到，她害怕被独自留在家里：她在整个生活风格中表达了她的

恐惧。她觉得自己还不够强大足以离开家，家里的人必须在各方面支
持她、照顾她。另一段早期回忆是：“我有一位男钢琴教师，有一天
他想要亲我。我停止了弹琴，跑去告诉母亲。”我们在此也看到，她
66 训练自己与男性保持距离；她在性方面的发展与保护自己免受伤害的
目标一致。她认为沉醉于爱情是一种软弱。我在此必须要讲，如果许
多人沉醉爱河，就会感到软弱；在一定程度上，他们是正确的。如果
我们恋爱了，我们就必须温和，我们对另一个人的兴趣会给我们带来
困扰。只有优越感目标是“我绝不能软弱，我绝不能暴露底细”的
人，才会避免对爱情关系的互相依赖。这种人从爱情里脱离出来，对
爱情准备不足。你常常会发现，如果他们觉得身处坠入爱河的险境，
他们就会将情形弄糟。他们嘲笑、讥讽并揶揄那个让他们觉得身处险
境的人。他们以这种方式尝试摆脱软弱感。

这个女孩当她考虑爱情和婚姻时，也会感到无力。当有男人在工
作中向她示爱时，结果她留下的印象比她需要的强烈得多。她找不到
任何出路，只有逃跑。当她依然要面对这些问题时，她的父母相继离
世，她的路走到了尽头。她打算找亲戚来照顾她；但是她的状况又不
令人满意。一段时日后，亲戚变得非常厌烦，不再给她所要的照顾。
她指责他们，告诉他们将她独自留在家中是多么的危险；她以这种方
式延缓孤苦伶仃的悲剧。我认为，如果她的家庭成员完全不再为她操
心，她就会发疯。实现她优越感目标的唯一方法就是促使家庭成员支
67 持她，让她不面对任何生活问题。她心中怀有这样的想象：“我不属
于这个星球，但属于另一个。我在那儿是个公主。这个贫瘠的地球不
了解我，不承认我的重要性。”再往前发展一步，她就会精神错乱；
但是只要她自己有一些小策略，依然能得到亲戚或者家中朋友的照
顾，就不需要最后一步。

在此有另外一个例子，可以清晰地辨明自卑情结和优越情结。一
位十六岁的女孩被带到我这里，她从六七岁时，就开始偷窃，从十二

岁开始就和男孩一起彻夜不归。当她两岁时，父母经过长期、痛苦的争吵后离婚了。她被母亲带走，一起住在外祖母家；外祖母非常宠爱这个孩子。她是在父母争吵得最激烈时出生的，她的母亲并不欢迎她的到来。她一点也不喜欢她的女儿，两人间的关系很紧张。女孩来找我时，我以友好的方式和她谈话，她告诉我：“我并不喜欢做那些事，也不喜欢和男孩混在一起；但我想告诉母亲，她没有照顾我。”“你这样做是在报复吗?”我问她。“我想是的。”她回答道。她想证明自己比母亲更强大；但她有这个目标，只是因为她感到更无力。她认为母亲不喜欢她，她有自卑情结。她认为肯定她优越地位的唯一途径就是制造麻烦。儿童有偷窃或者其他不良行为时，通常都是为了报复。

一个十五岁的女孩失踪了八天。当她发现被带到少年法庭时，她讲 68
述了被一个男人拐骗的故事，这个人将她捆绑起来，把她锁在房里八天。没有人相信她的话。医生亲切地和她谈话，催促她说出真相。她对医生不领会她的故事大为愤怒，以致给了他一巴掌。当我看到她时，我问她想做什么工作，并给她留下我只对她自己的命运和我能给她什么帮助感兴趣的印象。当我问她做过的一个梦时，她笑了笑，告诉了我以下的梦：“我在一家地下酒吧里。当我出来时，我遇到了母亲。父亲一会儿也来了，我要母亲把我藏起来，这样父亲就不会看到我。”她害怕她的父亲，她和父亲对着干。父亲过去常常惩罚她，因为她害怕惩罚，所以就被迫撒谎。如果我们曾听过撒谎的例子，我们就务必要寻找一对严厉的父母。撒谎本无意义，除非认为真相很危险。另一方面，我们也看到，这个女孩与母亲有一些合作。她现在告诉我，有人唆使她去地下酒吧，她在那儿待了八天。因为父亲的缘故，所以她害怕承认。但同时整个过程已告诉我们，她渴望战胜父亲。她觉得被父亲压制着，她只有通过伤害父亲才会感觉到胜利者的滋味。

我们要怎样帮助用错误方法追求优越感的人呢?如果我们认识到，对优越感的追求是所有人的共性，那么这件事做起来就一点也不

困难了。然后，我们便能将自己置身其中，同情他们的斗争。他们所
69 犯的唯一错误就是他们的努力方向都指向了生活中无用的一面。对优越感的追求隐藏在每个人的创造背后，它是对我们文化有所贡献的源泉。整个人类生活沿着这条伟大的路线行进下去——由下到上，由负到正，由失败到胜利。然而，只有真正面对并掌控生活问题的个体，才是在努力过程中表现出利人倾向的人，他们前进的方式也使别人受益。如果我们以正确的方式对待别人，我们就不会发现他们很难被说服。人们对价值和成功的所有评判最终都建立在合作的基础上，这是人类最伟大的共同点。我们对行为、理想、目标、行动以及性格特质的要求，都应该有助于人类的合作。我们从未发现完全缺乏社会情感的人。神经症患者和罪犯也知道这一公开的秘密，这一点可以从他们想努力从自己的生活风格中找到合理的理由，或者把责任推卸给别人中看出来。然而，他们丧失了朝有用生活一面行进的勇气。自卑情结告诉他们："合作中的成功不属于你。"他们避开了生活中的真正问题，与阴影作战，来重新肯定自己的勇气。

在人类的劳动分工中，存在许多具体目标的空间。也许，正如我们已看到的，每一种目标都可能包含了一些不同程度的小错误，我们也总能发现一些有待批评的东西。对一名儿童而言，优越感似乎在于数学知识；对另一个人而言，似乎在于艺术；对第三个人而言，可能
70 在于身体力量。消化不良的儿童可能会认为，他面对的问题主要是营养问题。他的兴趣可能会转向食物，因为他以这种方式认为他可以改善环境。结果是，他可能会成为专业厨师或者营养学家。我们在所有这些特殊的目标中可以看到，和真正的补偿在一起的还有对一些可能性的排除，以及对自我限制的一些训练。例如，我们会理解，一位哲学家必须真正时时离开社会，才可以思考和写作。但是，如果高度的社会情感和优越感目标息息相关，那么他所犯的错误不会很大。我们的合作需要许多不同的优点。

第四章 早期记忆

因为达到一种有利位置的努力是整个人格的关键，所以我们会在 71
个体心理生活的方方面面碰到它。在理解个体生活风格的任务中，认识这一事实将给我们带来两种巨大的帮助。首先，我们从选择之处开始：每一种表达都会在同一方向指引我们——围绕着塑造的人格，朝着同一动机、同一旋律前进。其次，我们准备了非常丰富的材料。每一句话、每一个想法、每一种感觉或者姿势对我们的理解都有所贡献。在考虑表达是否过于仓促时，我们所犯的错误都用上千种其他表达来核查和纠正。除非我们把一种表达视为整体的一部分来加以理解，否则我们便无法最终确定其意义。但是每种表达都谈论同样的事情，这促使我们寻求解决之道。我们如同考古学家一般寻找陶器的碎片、工具、建筑的残垣断壁、破碎的纪念碑、纸莎草般的叶子。从这些支离破碎中，我们可推断出一座早已消失城池的生活状况。但我们并不是论述一些消失的东西，而是人类内部结构的方方面面，鲜活的人格将它本身的意义连续不断地展现在我们面前。

理解人类并不是项简单的任务。也许个体心理学是所有心理学中最难以学习和实践的。我们总在为整体而倾听。我们必须心存怀疑，
直到关键之处不证自明。我们必须从大量细小信号——从一个人进入 72
房间的方式，欢迎我们以及握手的方式、微笑的样子、走路的姿

势——中搜集线索。在这一方面，我们可能会误入歧途，但在其他方面我们总会纠正或者坚定信心。治疗本身就是一种合作中的练习，一种合作测验。我们只有真正对别人感兴趣，才会获得成功。我们应能以其眼观察，以其耳倾听。他必须将自己奉献于我们的共同理解中。我们必须同时明白他的态度和困难。虽然我们认为自己已理解了他，但是我们却无法证明自己是正确的，除非他也理解了自己。不完整的事实绝不会是全部事实，这说明了我们的理解还不够充分。也许正是因为误解了这一点，所以其他学派才会谈到个体心理学治疗中从不使用的“正移情和负移情”等概念。宠爱习惯于被宠爱的患者可能是获得其情感的一种简单方法，但他对控制的渴望显然一直潜藏着。如果我们轻视他、忽略他，我们就会很轻易招致憎恨；他可能中断治疗，或者寄希望于为自己辩护、让我们道歉而继续治疗。我们不能以宠爱或者轻视的方式帮助他：我们必须向他展示出一个人对其同伴的兴趣。没有哪一种兴趣会比这更真实或者更客观。为了自己的利益，为了别人的幸福，我们在发现错误的过程中与他展开合作。看清了这一
73 目标，我们绝不会冒令人激动的“移情”的危险，或摆出权威的姿态，或将他置于依赖和不负责任的位置。

在所有的心理表达中，最能暴露秘密的就是个体的记忆。他的记忆是自身携带，使自己想起自身局限和环境意义的事物。不存在“偶然记忆”之物：个体从他遇到的不计其数的印象中进行选择，他选择只记那些感到对他的环境有所影响的事物，无论多么模糊。因此，他的记忆代表了他的“生活故事”。他反复用这个故事来告诫自己或者安慰自己，使自己全神贯注于自己的目标，为自己做好准备，依靠过去的经验，用已测验过的行动风格来面对未来。运用记忆来稳定情绪主要体现在每个人的行为中。如果一个人遭受了失败，由此而沮丧，他就会想起以前失败的情境。假如他患有忧郁症，那么他所有的记忆也都是忧郁的。当他高兴、勇敢时，他就会选择其他记忆。他回想起

的事情就是愉快的，它们坚定了他的乐观精神。同样地，如果他觉得自己面对问题了，那么他会唤起帮助他准备应对遇到问题的心境。因此记忆和梦一样达到同样的目的。许多人在他们做决定时，会梦到自己顺利通过考试。他们视这些决定为一种考验，试图重建使他们成功的心境。个体生活风格中的心境变化，和他通常心境的平衡和结构，都遵循同样的原则。假如忧郁症患者记得他的美好时刻和成功，他就 74
不会仍然忧郁。他一定会跟自己说："我的整个生活都很不幸。"并只选择解释那些作为不幸命运例子的事件。记忆绝不会与生活风格背道而驰。如果个体的优越感目标要求他应感到"别人总是侮辱我"，他就会选择回想被他解释为侮辱的事件。只要他的生活风格发生改变，他的记忆就会随之改变。他会记住不同的事件，或者他会将不同的解释加在他记住的事件中。

早期回忆有其特殊的重要性。首先，它们显示了生活风格的来源及其最简单的表现方式。我们可以从中判断：一个孩子是否被宠爱或者被忽视；他与人合作训练到何种程度；他更喜欢与谁合作；他会面对什么问题以及如何与之斗争。在患有视力困难和训练自己看得更真切的儿童的早期回忆中，我们会发现可见本质的种种印象。他的回忆会以"我环顾四周……"开始，或者他会描述颜色和形状。有行动困难，又想走、跑或者跳的儿童会在自己的回忆中显示出这些兴趣。童年记得的许多事件必定与个体的主要兴趣很相近，如果我们了解他的主要兴趣，就会知道他的生活目标和生活风格。正是这个事实使早期回忆在职业指导中如此有价值。我们进而可以看到儿童与母亲、父亲以及其他家庭成员的关系。记忆准确与否相对而言并不重要。早期回忆的最大价值在于其代表了个体的判断："即使在童年，我也是这样 75
的人。"或者："即使在童年，我也发现世界是这个样子了。"

各种早期回忆中最富有启发的是他开始叙述自己故事的方式，他能回忆起的最早事件。最早记忆显示了个体的基本生活观、他态度的雏形。它给我们提供了机会，以便一目了然地看到他作为其发展起始点的东西。我绝不会不询问最初记忆就调查一个人的人格。有时人们回答不出来，或者声称他们不知道最初发生了什么事，而这本身就具有启示作用。我们可以推断，他们不希望讨论他们的基本意义，也没有准备好合作。一般而言，人们都非常愿意讨论他们的最初记忆。他们认为这些记忆只是事实，而并没有意识到隐藏在背后的意义。很少有人理解最初记忆。因此绝大多人有可能通过他们的最初记忆以完全中立和不使人为难的方式，承认他们的生活目的、他们对别人的关系以及对环境的看法。最初记忆中另一个有趣的地方是，他们的浓缩和简要使我们能运用它们做大量的研究。我们可以要求一个班级的学生写下他们的早期回忆。假如我们知道如何解释它们，我们对每个儿童就有了极其珍贵的描述。

为了便于说明，下面我将举几个最初记忆的例子，并试着进行解
76 释。除了他们讲述的记忆之外，我对这些人一无所知——甚至不知道他们是不是儿童或者成年人。我们在他们最早记忆中发现的意义必须在其人格的其他表述中进行核查，但是我们只使用它们作为我们训练、塑造我们猜测能力之物。我们应知道什么可能是正确的，也应能将一种记忆与其他记忆进行比较。我们尤其应能看出：一个人是否正训练与别人合作或者反对合作，他是否勇气十足或者灰心丧气，他是否希望得到支持和照顾，或者是自力更生和独立自主，他是否准备给予或者急于接受。

1. “因为我的妹妹……”指出环境中哪个人出现在最初记忆里，这一点很重要。当妹妹出现后，我们完全相信这个人在妹妹的影响下感受很深。妹妹对其他儿童的成长带来了一层阴影。我们通常会在两个人之间发现一种对抗，正如他们在赛跑中竞争一样。我们能明白这种对抗会给成长带来其他困难。当一名儿童专心竞争时，他绝不会和以友谊的形式合作时一样，将兴趣扩大到别人身上。无论如何我们都

不会立即得出结论：也许这两个孩子是好朋友。

“因为我和妹妹是家中最小的孩子，所以直到她（年纪小一点的）大到去上学时，我才被允许入学。”现在竞争显而易见：“我的妹妹妨碍了我！她更小，而我被迫等待她。她减少了我的机会！”如果这正是记忆的意义，那么我们会期望这个女孩或者男孩觉得：“我生活中最大的危险是，有人限制我，阻止我的自由发展。”这个作者有可能 77
是个女孩。男孩好像很少受到这种要等妹妹大到可以上学的限制。

“因此我们在同一天开始上学。”站在她的立场，我们不会认为这是对女孩的最好教育。这会给她这样的印象，因为她年长一点，就必须靠后站。在任何情境下，我们都看到了这个特别的女孩在这种意义上对此进行了解释。她觉得为了妹妹的利益自己被忽视了。她会将这种忽视指责于某个人身上，有可能这个人就是她的母亲。如果她对父亲更依赖，并试图使自己成为父亲的宠儿，那么我们对此就不应感到奇怪。

“我记得很清楚，入学第一天母亲就告诉每个人，她是多么孤独。她说：‘那天下午，我好几次跑到门口，盼望着女儿放学。我一直担心她们绝不会回来了。’”这是对母亲的描述。这种描述并没有显示出母亲的行为非常理智。“担心我们绝不会回来了”——母亲显然满含深情，女儿们了解母亲的情感，但同时她仍充满了担忧和紧张。假如我们跟女孩谈话，她就会告诉我们母亲偏爱妹妹的更多事情。这种偏爱不会让我们惊讶，对最小的孩子而言就是一直受到宠爱。我从整个最初记忆中得出结论，两姊妹中的姐姐由于妹妹的竞争而觉得受到妨碍。我们期望在后来的生活中找到嫉妒和恐惧竞争的踪迹。发现她不 78
喜欢比自己年轻的妇女，我们对此并不奇怪。有些人纵观一生都感觉自己太老，许多生性嫉妒的妇女，对比自己年轻的同性总会自觉不如。

2.“我最早的记忆是祖父的葬礼，当时我只有三岁。”这是一个女孩的叙述。她对死亡这件事印象非常深刻。这意味着什么呢？她已把死亡看作生活的最大不安和最大危险。她从童年时发生在身上的事情中得出一条教训：“祖父会死。”我们可能会发现她是祖父的掌上明珠，祖父宠爱她。祖父母总是宠爱着儿孙们。与父母相比，他们对儿孙更缺乏责任，他们常常希望孩子们依附在自己身边，以显示出他们仍然能够获得温情。对老人而言，我们的文化并不会让他们轻易感受到自己的价值，有时他们会以简单的方法——例如爱发牢骚，来寻找自己的价值。我们在此倾向于认为，女孩出生时祖父就宠爱她了，正是祖父的宠爱使女孩对其记忆深刻。当祖父去世时，她感到这是个巨大的打击。

“我清晰地记得祖父躺在棺材里，如此苍白和僵硬。”我认为，让三岁的孩童看尸体并不是明智之举。至少让她事先有所准备更为妥善。孩子们常常告诉我，他们对有人去世的情景印象非常深刻，并永远无法忘记。这个女孩也不会忘记。这种孩子努力减少或者克服死亡的危险。他们的雄心壮志常常就是成为医生。他们认为，医生比别人
79 受到更好的训练以与死亡抗争。如果我们询问医生的最初记忆，它常常包括一些对死亡的回忆：“躺在棺材里，如此苍白和僵硬”——一种对可见之物的记忆。这个女孩可能就是这种视觉型，对观看世界感兴趣。

“然后到了墓穴里，当放下棺材后，我记得人们从粗糙的棺材下面将那些绳子拉了出来。”她再次告诉我们所看到的；我们证实了她是视觉型的猜测。“一提到任何亲戚、朋友或者熟人去了另一个世界，这种经历似乎就使我颤抖害怕。”

我们再次注意到死亡留给她的深刻印象。如果我有机会和他谈话，我会问：“以后你想从事什么职业？”也许她会回答：“做医生。”假如她没有回答或者回避这个问题，我就暗示：“你不想当医生或者护士吗？”她提到“另一个世界”时，我们会看到这是对死亡恐惧的

一种补偿。我们从她的整个记忆中得知，祖父对她亲切和善，她是视觉型的，死亡对她的心理发挥着重要的作用。她从生活中得到的意义是："我们必定都会死去。"这毋庸置疑是正确的，但我们发现不是每个人都有同样主要的兴趣。还有其他事情吸引我们的注意。

3. "当我三岁时，父亲……"父亲在一开始时就出现了。我们假设，这个女孩对父亲比对母亲更感兴趣。对父亲的兴趣总是处于发展
的第二阶段。起初，孩子对母亲更感兴趣，因为在第一或者第二年， 80
与母亲的合作很密切。孩子需要母亲，并依附着她。所有儿童的心理努力都与母亲关联密切。如果儿童转向了父亲，母亲就会失败。儿童对其处境不满意，这通常是年幼儿童出生的结果。假如我们在这个回忆中看到有年幼的儿童出现，我们的猜测就得到了证实。

"父亲给我们买了一对矮种马。"孩子不止一个，我们有兴趣听说关于其他孩子的事。"他用缰绳牵着马进屋。姐姐比我大三岁……"我们必须修正我们的解释。我们原以为这个女孩是姐姐，然而她事实上是妹妹。也许姐姐才是母亲的掌上明珠，正因为这个原因，女孩才提到她的父亲以及一对矮种马的礼物。

"姐姐拿着一条缰绳，牵着她的马，得意洋洋地走在大街上。"这就是姐姐的胜利。"我自己的马紧跟着另一匹，跑得飞快。"当她的姐姐领先时，这就是结果！——"我脸朝地被它拖着走。对曾经极度渴望的经历而言，这是个不光彩的结局"。姐姐胜利了，她占了上风。我们非常确信，这个女孩的意思是："假如我不小心，姐姐就总会赢。我就会失败，我会一直在地上。安全的唯一途径就是做第一。"我们也能明白，姐姐已经赢得了母亲，这就是妹妹为何转向父亲的原因。

"事实是我后来作为女骑士超过了姐姐，但这丝毫没有挽回那个 81
失败。"我们的所有假设都得到了证实。我们可以看到，两姐妹间存在一种怎样的竞争。妹妹觉得："我一直落后，所以我必须迎头赶上。我必须超过别人。"这就是我所描述的在次子和幼子中普遍出现的类

型，他们面前总有一个领跑者，并一直设法超过这个人。这个女孩的记忆强化了她的看法。它对她说："如果任何人超过我，我就很危险。我必须总是第一。"

4. "我最早的记忆是被最大的姐姐带到各种宴会和社交场合中，当我出生时，她大约十八岁。"这个女孩记得自己是社会的一部分；也许我们会在这段记忆中发现，她的合作程度比别人更高。对她而言，大她十八岁的姐姐扮演着母亲的角色。姐姐是家中最宠爱她的人，但姐姐似乎以一种非常聪明的方式，将这个孩子的兴趣扩展到别人身上。

"在我出生前，姐姐是家里五个孩子中唯一的女孩，她自然乐意到处炫耀我。"这绝不像我们认为得那般好。当一名儿童被拿来炫耀时，他感兴趣的是受到欣赏，而不是做出奉献。"因此，在我相对较小的时候，她带着我。我记得关于宴会唯一的一件事是，姐姐不断催促我说话，'告诉那位女士你的名字'等诸如此类的。"这是一种错误
82 的教育方法。这个女孩讲话结巴或者说话困难，发现这一点我们不应感到奇怪。儿童讲话结巴通常是因为对自己说话的表现显示出过分的关注。他被训练成过分关注自己，寻求赞赏，当然不能自然地与别人交流。

"我还记得，什么话都不说时，回到家总是会挨骂，因此我变得讨厌出去和别人交往。"我们的解释必须全部进行修正。我们现在可以看出，她最初记忆背后的意义是："我被带去和别人交流，但是我发现很不愉快。因为那些经历，所以我从那时起就讨厌这样的合作。"因此，我们认为，即便如今她依然讨厌与人交往。我们希望发现她对这些事的尴尬之情和自我意识。我们认为对她而言有必要去露脸，但又觉得这种要求太过分。在同伴中，她已练就得不再平易近人。

5. "在我的童年早期，有件大事很显眼。大概四岁时，曾祖母来看望我们。"我们已看到，祖母通常都很溺爱子孙；但是曾祖母怎样

对待他们，我们还不得而知。“当她来看望我们时，我们拍了一张四世同堂的照片。”这个女孩对家谱非常感兴趣。因为她对曾祖母看望和拍照片的记忆如此深刻，所以我们可以得出结论，她对家庭非常依恋。假使我们是正确的话，我们就会发现，她的合作能力不会超出家庭这个圈子的限制。

“我清楚地记得开车去了另一个小镇，到达照相馆后，我换了件 83
白色的绣花裙。”也许这个女孩也是视觉型的。“在拍四世同堂照片之前，弟弟和我就合拍了张。”我们再次看到她对这个家庭的兴趣。弟弟是家中的一部分，我们可能会听到她与弟弟更多的关联。“他坐在我身旁椅子的扶手上，手持一只明亮的红球。”她在此又记起可见之物。“我站在椅子旁边，手上没拿任何东西。”我们现在看到这个女孩的主要努力了。她自言自语道，弟弟比她更招人喜欢。我们可以猜到，弟弟出生后就夺走了她最小和最受宠爱的地位，她对此感到很不高兴。“他们要我们笑一笑。”她的意思是，“他们试图让我笑一笑，但是我有什么可笑的呢？他们把弟弟推上了王座，并给了他一个明亮的红球；而他们给我什么呢？”

“接下来是照四世同堂的相。每个人都尽力摆出最好的样子，只有我除外。我没有笑。”因为家人对她不够好，所以她对家人具有攻击性。她没有忘记在最初记忆中告诉我们，家人如何对待她。“当要弟弟笑时，他笑得很灿烂。他很可爱。至今我都很讨厌拍照。”这些回忆让我们领悟了绝大多人应对生活的方式。我们获得了一种印象后，就用它来证实整个一系列行为的正当性。我们从中得出结论，假装结论显然就是事实。很清楚，拍这张照片时她觉得很不高兴。她仍然讨厌拍照。我们通常会发现，任何讨厌某些事物的人，选择他讨厌
的理由时，都会从经历中挑选出某种记忆以承担解释的责任。这个最 84
初记忆给我们了解作者的人格提供了两条主要线索。第一，她是视觉型的。第二，更为重要的是，她与家庭关联密切。她最初记忆的整个

行为处于家庭圈子中，她可能还没适应社会生活。

6.“我最早的回忆之一是我大概三岁半时发生的一件事。给我父母打工的女孩把我和堂姐带到地窖里，让我们品尝苹果酒。我们非常喜欢它。”发现地窖里有苹果酒是种很有趣的经历。这是种探险的旅程。假如我们要得出结论的话，我们就可以在两件事情中猜测一个。也许这个女孩喜欢面对新环境，且有勇气面对生活。也许，另一方面，她的意思是：拥有更强大意志的人们会引诱我们，误入歧途。这段记忆的其余部分将帮助我们做出决定。“一会儿之后，我们决心品尝另一种口味，因此我们自食其力了。”这是个勇敢可嘉的女孩。她想独立自主。“过了不久，我的腿不听使唤，失去了走动的能力。地窖之所以非常潮湿，是因为我们把所有苹果酒都弄洒在地上了。”我们在此看到了一名禁酒主义者的形成。

“我不知道是否这件事使我不喜欢苹果酒和其他酒精饮料。”一件小事再次成为了整个生活态度的原因。假如以常识来思考，我们无法
85 看出这件事足以得出这样的结论。然而，这个女孩却私下认为这是她不喜欢酒精饮料的原因。我们也可能发现，她是一个知道如何从错误中学习的人。也许她完全独立，喜欢改善错误之处。这种特点可以描绘她的整个生活。犹如她所言：“我虽犯错，但明白它们是错误之后，我就会改正它们。”假如的确如此，她就是一个良好的典范：积极，奋斗中充满勇气，努力改变处境，并一直寻找最佳生活方式。

在所有这些情境中，我们只是在训练自己的猜测艺术。在确信我们的结论正确之前，我们必须看看人格的许多其他表现。现在让我们从实践中举几个例子，在其所有表现中可以看出人格的一致性。

一个患有焦虑性神经症的三十五岁男人前来找我。他只有离开家时，才感到焦虑。他不时地被迫去寻找工作，但是他一进办公室，就开始整日抱怨、哭泣，直到晚上回家与母亲坐在一起时才停止。当问到最初记忆时，他说：“我记得四岁时坐在家里，靠近窗边，看着街

道，很愿意看在那儿工作的人们。”他想看别人工作；他自己只想坐
在窗边，观察他们。如果要改变他的情形，我们就必须改变他不能和
别人一起工作的想法。迄今为止，他一直以为，生活的唯一方式就是 86
获得别人的帮助。我们必须改变他的整个世界观。责备他，我们将一
无所获。我们不能通过医学或者切除分泌腺来说服他。然而，他的最
初记忆使我们更容易建议令他感兴趣的工作。他的主要兴趣在于观
望。我们发现，他患有近视，因为这个毛病，他更注意可见的事物。
一开始遇到职业问题时，他就想继续观望，而不是去工作。但二者并
不相互矛盾。当视力恢复后，他发现有一种职业可以容纳他的主要兴
趣。他开了一家艺术品店，他能够以这种方式在社会分工中有所
贡献。

一个患有歇斯底里失语症的三十二岁男人前来咨询。除了咿呀耳语外，他说不出话来。这种情形持续了两年。病症始于一天他滑倒在香蕉皮上，接着撞到了出租车玻璃上。他呕吐了两天，后来就患有偏头痛。毋庸置疑，他有脑震荡。但是既然喉部没有任何机体性变化，脑震荡就不足以解释他为何不能讲话。他哑口无言有八天之久。他的事故如今成了法律问题，案子还没有结束。他把事故完全归咎于出租车司机，控诉公司要求赔偿。我们可以理解，假如他能展示某部分伤残的话，那么他将在法律诉讼中处于有利位置。我们无须说他不诚实，因为他没有必要大声讲话。也许在事故惊吓后，他确实发现讲话很困难，他也没有看到变化的理由。

这个患者曾找过喉科专家，但是专家未发现任何异常。当问到最 87
初记忆时，他告诉我们：“我躺在摇篮里，来回摇晃。我记得看见挂
钩滑脱，摇篮掉下来，我受了重伤。”没有人喜欢掉下来，但这个男
人过分强调了掉下来。他集中注意于掉下来的危险。这是他的主要兴
趣。“我掉下来时，门开了，母亲跑进来，被惊住了。”由于掉下来，
他获得了母亲的注意，但是这段记忆也是一种指责——“她没有好好

照顾我”。同样地，出租车司机和拥有出租车的公司犯了类似的错误。他们都对他照顾不周。这就是一名受宠儿童的生活风格：他试图使别人担负责任。他的另一段记忆告诉我们同样的故事。“五岁时，我头上顶着一块厚木板，从六米多高的地方摔下来。大约有五分钟，或者更多的时间，我说不出话来。”这个男人对不能说话非常在行。他为此进行训练，并将掉下来作为拒绝说话的理由。我们无法将此作为理由，但他似乎可以做到。他以这种方法进行体验，现在假如他掉下来，随之自然而然的就是他不能说话。要治愈他，就要让他明白这是个错误，即掉下来和不能说话两者之间没有任何关联。尤其要让他明白事故之后无须咿呀耳语两年。然而，他在这段记忆中告诉我们，他为何难以理解这些事的原因。“我的母亲跑了出来，”他继续说道，“看起来非常激动。”在两次事故中，他的摔倒都惊吓到了母亲，并吸
88 引了母亲对他的注意。他是个想被宠爱、想成为注意中心的小孩。我们可以明白，他如何要别人为其不幸付出代价。假如发生同样的事故，其他受宠的孩子可能也会如此。然而，他们可能不会想到语言缺陷的策略。这就是我们病人的标志，这是他以自己的经验所建立的生活风格的一部分。

一个二十六岁的男人向我抱怨，他无法找到满意的职业。八年前，他被父亲安排到经纪人行业中，但他一点也不喜欢，最近他辞职了。他努力寻找其他工作，但都没有成功。他还抱怨失眠，曾有频繁自杀的念头。当他放弃经纪人工作后，他离家出走，并在另一个城镇找到了一份工作。但一封信捎来了母亲患病的消息，他又回到家，和家人住在一起。

从这段历史中，我们已经怀疑，他是否曾受到母亲的宠爱，他的父亲是否曾努力对他滥施权威。我们可能会发现，他的生活就是对其父亲严厉的一种反抗。当问到他在家中的位置时，他回答说自己是最小的孩子，也是唯一的男孩。他有两个姐姐，大姐一直试图对其发号

施令，二姐也不相上下。他的父亲不停地唠叨，他深深感觉到他被整个家庭支配着。他的母亲是他唯一的朋友。

直到十四岁，他才上学。之后，父亲把他送到一所农业学校，以便他能帮助父亲管理计划要购买的农场。这个男孩在学校表现很好，但却决定不做农场主。于是父亲将其安排在经纪人公司中。令人相当 89
惊讶的是，他足足坚持了八年之久。而他给出的理由则是，他为了母亲尽可能这么做。

作为一个小孩，他衣衫不整，胆小羞怯，害怕黑暗和离家。当我们听到衣衫不整的孩子时，我们总是要找个人帮他整理衣衫。当我们听到小孩害怕黑暗，不喜欢被丢在家里时，我们总是要找个人关注他、安慰他。对于这个年轻人而言，这个人就是他的母亲。他发现交朋友并不容易，但他在陌生人中间却应付自如。他从未恋爱过，他对爱情不感兴趣，也不想结婚。他认为父母婚姻不幸福，这帮助我们理解了他为何将自己拒之于婚姻大门之外。

他的父亲仍然迫使他继续从事经纪人行业。而他自己则想进入广告行业，但他认为家庭不会给他钱，为这个职业做准备。我们在每一点上都可以看到，他行为的目的在于和父亲作对。当他在经纪人公司时，虽然能够自立，却没有想到用这笔钱来学习广告。他只有现在才想到以此作为对父亲的新要求。

他的最初记忆清楚地揭示了一个受宠的孩子对严父的反抗。他记得自己如何在父亲的饭店工作。他喜欢洗涤餐具，并把它们从一张桌子换到另一张桌子上。他乱动餐具的习惯激怒了他的父亲，父亲当着客人的面打了他一耳光。他使用其早期经验作为父亲是敌人的证明，他的整个生活已成为了反对父亲的一场抗争。他依然没有真正想去工 90
作。如果他能伤害父亲，他就完全满意了。

他自杀的念头很容易解释。每种自杀都是一种自责。想到自杀，他说："我的父亲对任何事都有负罪感。"他对工作的不满也直接针对其父。父亲提出的每一项计划，儿子都予以抵制，但是他娇生惯养，无法独立工作。他并不真想去工作，他只想玩，但他仍然与母亲保持一些合作。然而，他与父亲的斗争又如何帮助解释他的失眠症呢？

如果他难以入眠，他就不能为第二天的工作做好准备。他的父亲在翘首以盼他去工作，他却疲惫不堪，无法工作。当然，他可能会说：“我不想工作，我也不想受到压迫。”然而他得关注他的母亲以及家庭糟糕的经济状况。如果他只想拒绝工作，家人则会认为他无药可救，并拒绝帮助他。他必须有个借口，他通过似乎不邀而至的不幸——失眠，来获得这一点。

最初，他说他从不做梦，但后来他记得常常出现的梦。他梦到有人往墙上扔球，而球总是弹开。这似乎是个微不足道的梦。我们在其生活风格和梦之间可以找到联系吗？我们问他：“然后发生了什么？球弹开来后，你有什么感受？”他告诉我们：“当球弹开来时，我醒
91 了。”现在他已揭示了失眠的整个结构。他使用梦作为唤醒他的闹钟。他想象每个人都希望把他推向前，驱赶他，迫使他做任何他不想做的事。他梦到有人往墙上扔球，这时他就醒了。结果是，第二天他疲惫乏力。他疲惫时就无法工作，而他的父亲迫不及待地要他去工作。因此他以这种强硬的方式打败了他的父亲。如果我们只看到他与其父争斗，我们就应该认为发明这种武器是非常聪明的。然而，他的生活风格，对他或者别人而言，并不令人满意；因此我们必须帮助他加以改变。

当我解释他的梦时，他停止了做梦，但他告诉我，他有时还会在夜里醒来。他不再有勇气继续做梦，因为他知道有人会发现梦的目的；但是第二天他仍旧疲惫不堪。我们该怎样帮助他呢？唯一可行的方法就是让他与父亲和解。一旦他所有的兴趣都朝着激怒或者打败其父亲的方向发展，那么情况会无法好转。开始时，正如我常常开始的那样，我承认有理由赞同患者的态度。“你的父亲看起来完全错误。”

我说，“他试图使用权威，自始至终指使你，这非常不明智。也许他
患有疾病，需要治疗。可是你能做什么呢？你不能期望改变他。假设
天要下雨，你该怎么办？你可以带把伞或者打车；试图和雨水斗争或
者打败它都是无济于事的。现在，你花费很多时间和雨水争斗。你认
为这就是力量。你认为你能压倒它。但是你的胜利毁灭自己的程度甚
于别人。”我向他展示了他所有表现的一致性——对职业的犹豫不决、 92
自杀的念头、离家出走、失眠；我还向他展示了，他如何在所有表现
中用惩罚自己来惩罚父亲。

我还给了他一个建议：“你今晚入睡时，想象下你总是想叫醒自己，这样你明天就会很疲惫。想象一下，明天你疲惫至极而无法工作，而你父亲就会勃然大怒。”我要他面对事实。他的主要兴趣在于惹恼、伤害其父亲。如果我们无法停止这种斗争，治疗就会毫无作用。他娇生惯养。我们都能看到，现在他也能明白。

这种情况非常类似于俄狄浦斯情结。这个年轻人一直忙着伤害父亲；他非常依恋母亲。然而这与性无关。他的母亲宠爱他，而他的父亲则冷漠无情。他经受了错误的训练以及对职业的错误解读。遗传在他的困扰中没有起到任何作用。他的困扰并不是从谋杀、毁灭部族首领的野蛮人的本能中衍生出来的。类似的态度可以在每个儿童心中再度激起。我们只需要给予儿童一位母亲去宠爱他，正如这位母亲所做的；给予一位严厉的父亲，正如这位父亲一样。如果这个男孩反抗父亲，却未能独自解决问题，我们就能理解他采取这种生活风格是多么容易。

第五章 梦

93 几乎每个人都做梦，然而了解梦的人却微乎其微。这种情形看起来很奇怪。梦是人类心理的一般活动。人们总是对梦感兴趣，但对梦意味着什么一直百思不解。许多人都认为，他们的梦有更深层的含义：他们觉得梦怪异而且重要。我们可以发现，这种兴趣从人类最远古的时代就已表现出来。然而，就总体而言，人们对做梦时他们做了什么，或者他们为何做梦，依旧毫无概念。据我所知，只有两种释梦的理论试图做得易于理解而且合乎科学。这两种声称理解和解释梦的派别是精神分析的弗洛伊德学派和个体心理学派。在这二者中，也许只有个体心理学才敢声称，他们的解释和常识完全一致。

当然，以前对理解梦的尝试是不科学的，但却值得注意。至少它们揭示了人们如何看待梦，以及他们对梦的态度。因为梦是心灵创造
94 力的一部分，如果我们发现了人们对梦有什么期待，我们就会看清做梦的目的。研究一开始，我们就看到一个明显的事实。人们似乎一直理所当然地认为，梦对未来有某种影响。人们常常认为，一些精神大师、鬼神或者祖先在梦中会控制住他们的心灵，左右他们。他们身处困境时就运用这些梦来获得指引。古代解梦的书籍对做某种梦的人，将来命运如何都做了解释。远古的人们在梦中寻找预兆或者预言。古希腊人和古埃及人想获得影响未来生活的圣梦时，就去寺庙祈祷。这

种梦被看作医治良方，可移除身体或者心理的困扰。美国印第安人以净身、快速的汗水洗澡等仪式来煞费苦心地引梦，并将他们的行为建立在对梦进行解释的基础之上。在《圣经·旧约》中，梦一直用来解释某些未来之事。即便如今仍有很多人坚持，他们所做的梦后来都成了事实。他们认为，他们在梦里是千里眼，梦以某种方式到达未来并预示即将发生的事情。

从科学的角度而言，这种观点看起来荒诞不经。从一开始尝试解
决梦的问题时，我就很清楚，做梦的人与清醒又完全有能力的人相
比，在预测未来方面处于下风。很明显，我们会发现，梦不仅不比日
常思维更理智和有预见性，而且更混乱，更令人困惑。然而，我们必
须注意人类的这种传统观念，即梦以某种方式与未来发生联系。也许 95
我们会发现，在某种程度上，这并不完全错误。如果我们以正确的认
识来看待它，那么这也许会提供给我们曾经遗漏的重要部分。我们可
能已经了解了，人们曾经认为梦为问题提供了解决的方法。我们可以
断定，个体做梦的目的在于寻找未来的指引，寻求问题解决之道。这
与认为梦是预测的观点相去甚远。我们仍然得思考他寻找何种解决途
径，以及他希望从何处得到。看似明显的是，人们面对整个情境时，
梦所提供的解决之道比常识思维获得的方法更差。事实上，做梦时，
个体希望在睡梦中解决问题，这样说并不过分。

以弗洛伊德学派的观点看来，我们发现了一种真正的努力，把梦看作可被科学理解的意义。然而，在几个方面，弗洛伊德学派的解释将梦带出了科学的范围。例如，它假设：白天和夜晚的心理活动之间存在一个缺口。“意识”和“无意识”彼此相互对立，而梦则遵循与日常思维规律不同的自身特殊规律。无论我们在哪看到这种对立，我们必定推断它为心理的一种非科学态度。在原始民族和古代哲学家的思想中，我们总是会遇到将概念置于强烈对比之中，以及视其为对立的这种渴望。在神经症患者中，这种对立的态度得到非常清楚的说

明。人们常常认为，左和右是相互对立的，男和女、热和冷、轻和
96 重、强大和弱小都是相互对立的。从科学的角度来看，它们并不是对立的，而是变化的。他们是根据某种理想假设排列而成的量表的不同等级。同样地，好和坏、正常和异常都不是对立的，而是变化的。把睡眠和清醒、梦里的想法和白天的想法视为对立物的任何理论，都必定是非科学的。

原始弗洛伊德学派观点中的另一个问题是，梦涉及性的背景。这也将梦从人们的通常努力和活动中分离开来。假使这种观点正确，梦就不是整个人格的一种表达，而只是人格的一部分。弗洛伊德学派本身也发现，梦的性解释并不充分。弗洛伊德提出，我们也会在梦中看到求死的无意识欲望的表达。也许我们还会发现，这在某种意义上是正确的。梦，正如我们已注意到的，是获得简单解决问题方法的一种尝试。梦揭示了个体勇气的丧失。然而，弗洛伊德学派的术语是高度隐喻的，它没有让我们发现整个人格在梦中如何反映。而且，梦里的生活看似与白天的生活泾渭分明。在弗洛伊德学派的尝试中，我们得到了许多有意义和有价值的线索。例如，非常有用的线索是，并非梦本身很重要，而是梦中潜藏的思想重要。在个体心理学中，我们获得
97 了某种类似的结论。精神分析所缺失的正是科学心理学的第一个要求——认清个体的人格和整体在其表达中的一致性。

这种不足可以从弗洛伊德学派对释梦的关键问题的回答中观察到。“梦的目的是什么？我们究竟为什么要做梦？”精神分析学家回答说：“为满足个体未实现的愿望。”但这种观点无法解释一切。如果梦丢失了，如果个体忘了梦或者不能理解，那么哪里还有满足呢？所有人都会做梦，但鲜有人理解自己的梦。我们从梦里得到什么快乐呢？假如梦里的生活和日常生活相脱离的话，而梦给予的满足又发生在自己的生活中，那么我们也许可以理解梦对做梦者的用途。但现在，我们已失去了人格的一致性。梦对清醒者没有什么意义。从科学的角度

而言，做梦者和清醒者是同一个人，梦的目的必须适用于这个人一贯的人格。这种类型的人是受宠的孩子，他们总是会问：“我怎样才能获得满足？生活又会给我什么?”这种个体正如他在所有其他表达中一样，可以在梦里找到满足。事实上，如果我们仔细观察，我们就会发现弗洛伊德学派的理论是受宠孩子的心理学，这些孩子觉得他们的本能绝不能被否认，他们认为别人的存在是不公正的，他们一直追问：“我为什么要爱邻居呢？邻居爱我吗?”精神分析以受宠孩子的前
提作为出发点，极尽详细地研究这些前提。但是，对满足的努力也仅 98
是千万种对优越感的追求的一种。我们不能把它当作人格所有表达的主要动力。而且，如果我们真正发现了梦的意图，它就能帮助我们看清遗忘梦和不了解梦能达到什么目的。

大约二十五年前，当我开始努力寻找梦的意义时，这是最令我烦恼的事情。我可以看出，梦与清醒的生活不相互对立。它必须始终和生活中的其他活动和表达保持一致。如果在白天我们专心追求优越感目标，那么我们在夜晚也会专心于同一个问题。每个人做梦，就好像他要在梦中完成某项任务，也得在梦中追求优越感。梦必定是生活风格的产品，它也有助于建立以及巩固生活风格。

有种思考可以帮助我们迅速弄清梦的目的。我们做梦，通常会在早晨忘了所做的梦。没有留下什么。但这是真的吗？根本没有留下什么？某些东西留下来了——梦醒时分会留下某种感觉。没有留下任何图画：没有留下对梦的任何理解，只留下许多感觉。梦的目的一定是其唤起的感觉。梦只是唤起感觉的方法和工具。梦的目标是其所遗留的感觉。

个体创造的感觉必须始终与其生活风格保持一致。梦里的思维和
白天思维的差异并不绝对。两者之间没有严格的区分。用只言片语来 99
区分的话就是，做梦时，更多与现实相关的感觉被排除了。但却没有和现实中断。当我们熟睡时，我们仍然和现实联系着。如果我们受到

问题困扰，那么我们的睡眠也会受到干扰。在睡眠期间，我们可以做出调整，阻止我们掉下床铺。这个事实显示了与现实的关联依旧存在。一位母亲可以在大街的熙熙攘攘中睡着，也会在孩子的风吹草动中醒来。甚至在睡觉时，我们都仍然与外部世界保持联系。然而，睡觉时意识感觉虽然存在，却已减弱，我们与现实的联系也减少了。当我们做梦时，我们是孤独的。社会的要求对我们而言并没有急切地出现。在我们梦的思维中，我们没有受到刺激来真正考虑周围的环境。

我们只有不紧张，又确信了问题解决之道，我们的睡眠才不受干扰。对平静和安宁的一种干扰就是做梦。我们可以断定，只有我们不确定问题解决之道时，甚至只有在熟睡中现实压迫着我们，给我们提出种种难题时，我们才会做梦。这就是梦的任务：应对我们面临的难题，并提供解决之道。现在我们开始明白，我们的心理在熟睡时以何种方式处理问题。因为我们没有应对整个环境，问题就似乎更简单，提供的解决方法对适应我们本身的要求也是很小的。梦的目的就是支持或者反对生活风格，唤起适合生活风格的感觉。然而，生活风格为
100 何需要支持呢？有什么会攻击它呢？只有现实和常识才会攻击它。因此，梦的目的就是支持生活风格，反对常识的要求。这给了我们一种有趣的理解。假如个体面对一个他不希望以常识的方式来解决的问题，他就会通过梦中唤起的感觉来坚定自己的态度。

起初这看似与清醒的生活相矛盾；然而并不矛盾。当我们清醒时，我们会以几乎同样的方式唤起感觉。如果有人遇到了难题，不希望以自己的常识去处理，但又延续自己原来的生活风格，那么他会尽一切努力来维护自己的生活风格并使其看似胜任。例如，他的目标是不劳而获地赚钱，不努力，不工作，不对别人有所贡献。赌博对他而言便是一种可能。他知道，许多人因为赌博，倾家荡产，遭受灾祸；但他依然希望轻松度日，侥幸致富。他会怎么做呢？他会满脑子充斥着金钱利益。他勾勒自己通过投机倒把来挣钱、买车、过奢侈的生

活、为同伴所知而成为有钱人的景象。他通过这些景象唤起自己向前的感觉。他从常识中转移开，开始赌博。同样的事情也会发生在更平常的环境中。假如我们正在工作，有人告诉我们他曾看过而且很喜欢的一出戏剧，我们就想开始停止工作，去剧院看戏。如果一个人正沉浸爱河，他就会为自己的未来描绘蓝图。如果他被真正吸引了，他就会把未来描绘得很愉快。有时，如果他感到悲观，他就会有幅灰暗的 101
未来图景。但无论如何，他都会唤起自己的感觉，而我们也会从他所唤起的感觉的类型中，分辨出他是哪种人。

但如果梦没有留下什么，只剩感觉，那么对常识来说会怎样呢?梦是常识的对手。我们可能会发现，不想被感觉迷惑的人、偏爱以科学的方式做事的人，不常做梦，或者根本不做梦。其他远离常识的人，不想以正常而有用的方式解决他们的问题。常识是合作的一个方面，未受过良好训练的人们不喜爱常识。这种人频繁做梦。他们担心，他们的生活风格应该克服或者进行调整。他们希望逃避现实的挑战。我们一定会得出结论：梦是联结个体生活风格和当前生活风格，又不对生活风格做出新要求的一种尝试。生活风格是梦的主宰。它总会唤起个体需要的感觉。我们在梦里可能发现的任何东西，也会在个体的其他症状和特征中发现。无论我们是否做梦，我们都以同样的方式处理问题，但是梦却对生活风格提供了一种支持和保护。

假如这种看法正确，那么我们对于理解梦就迈出了崭新而又最重要的一步。在梦中，我们欺骗自己。每个梦都是自我陶醉、自我催眠。它的所有目的就是刺激我们准备应对环境的情绪。我们可能会在梦中看到与日常生活中所发现的几乎完全相同的人格。此外，我们还 102
会看到，他似乎正准备着白天里要使用的种种感觉。假使我们正确的话，那么甚至在梦的结构里，或者在梦使用的方法中，我们就会看到自我欺骗。

我们会发现什么呢?首先，我们发现对梦中画面、事件和偶然事故的某种选择。之前我们已提到这些选择。当个体回顾他的过往时，他就对画面和时间做了选编。我们已发现，他的选择具有某种倾向性，他只从那些支持他优越感目标的事件中选择记忆。正是他的目标支配着他的记忆。同样地，在梦的构建中，我们只挑选与生活风格一致的事件；当面对现实问题时，我们又表达出生活风格所要求的事件。选择的意义只不过是与我们所发现的问题有关的生活风格的意义。在梦中，生活风格要求特立独行。去面对实际问题则需要常识，但生活风格却拒绝让步。

梦还借助其他什么手段？自古以来人们便已注意到（如今弗洛伊德也特别强调），梦主要由隐喻和象征构成。正如一位心理学家所言："在梦里，我们都是诗人。"为何现在梦不用简单明了的语言，而代之以诗和隐喻来表达呢？假使我们讲话直白，没有隐喻和象征，那么我
103 们不可能避开常识。隐喻和象征都被滥用了。它们结合了不同的意义；它们可以同时讲述两件事，也许其中一件相当虚假。人们可以从中得到不合逻辑的结论。它们可以用梦来唤起感觉。我们在日常生活中再度发现了它。我们想纠正某人时会说："别孩子气了！"我们问他："你为什么哭啊？难道你是个女的？"当我们使用隐喻时，不相关的东西、只会诉诸感觉的东西，都会不知不觉地出现。当一位魁梧大汉对一个弱小男人生气时，他会说："他是条蠕虫，他就应该在地上爬。"他使用这个隐喻，轻而易举地支持了他的愤怒。

隐喻是极好的语言工具，而我们总会用隐喻欺骗自己。当荷马描述希腊军队如狮子般驰骋战场时，他给了我们一幅壮观的写照。难道我们认为，他其实想准确地表述这些瘦弱、肮脏的士兵如何在战场匍匐前进吗？不，他要我们把士兵想象成狮子一样。我们知道他们并不是真正的狮子。但是，假如诗人描绘这些士兵如何气喘吁吁、挥汗如雨，他们如何停下来鼓起勇气或者躲避危险，他们的盔甲如何破旧等等这些鸡毛蒜皮的细节，我们就不会如此印象深刻。隐喻用于凸显

美，并让人产生想象和幻想。然而，我们必须坚信，隐喻和象征的运用对拥有错误生活风格的个体而言总是危险的。

一名学生要面对考试。问题很明确，他要用勇气和常识应对考试。但是，如果他的生活风格想逃避，那么他可能梦到自己在一场战争中战斗。他用高度的隐喻来描绘这个确切的问题，现在他有更充分 104
的理由害怕了。或者他会梦到，他站在万丈悬崖边，他必须往回跑以免掉下去。他必须产生种种感觉以帮助自己逃避考试，临阵脱逃；他用悬崖比作考试来欺骗自己。我们在此可以发现梦里频繁使用的其他方法。这就是拿一个问题来，精简它，浓缩它，直到剩下原始问题的一部分。然后，剩下的部分就表达在隐喻中，并把它作为原始问题一样处理。例如，另一名学生，更有勇气，更着眼未来，希望完成任务，通过考试。然而，他依旧希望得到支持，他也仍然希望使自己安心——他的生活风格要求他这样。他在开始前一晚梦到，自己站在山巅。他所处情境的画面非常简单。只有他所有生活情境的最小部分表现了出来。对他而言问题非常重大，但是在排除了问题的许多方面，将注意力集中在对成功的预期上以后，他唤起感觉帮助自己。第二天早晨，他起来时觉得精神振奋，心情愉快，比从前更有勇气。他已成功减少了要面对的问题。尽管他使自己安心了，但他却真正欺骗了自己。他不是以常识的方式，专心面对整个问题，而是唤起了一种自信的情绪。

这种感觉的唤起很平常。一个想跳过小溪的人也许会在跳之前数三下。难道真的有那么重要，以至他要数三下吗？跳跃和数三下之间有必然联系吗？一点联系也没有。然而，他数三下以唤起自己的感觉，汇集全身的力量。我们已在心理预存了所有方法来精心设计生活 105
风格，固定并强化它，其中最重要的方法就是唤起感觉的能力。我们夜以继日地参与这项工作，但也许只在夜里才出现得更清楚。

让我以自己的梦来说明欺骗自己的方法。战争期间，我是一家收容神经症士兵医院的负责人。当我看到未准备好作战的士兵时，我就分派他们更容易的工作，尽可能让他们放松。过度的紧张远离了他们，这种练习相当成功。有一天，一个士兵前来找我，他是我曾看到的最有型、最强壮的人。他非常沮丧，我检查他的时候，就不知道该怎样对待他。当然，我很想把来找我的士兵都送回家，但我所有的推荐信都要得到一位高级军官的批准，我的善举也有限制。要对这个士兵的情境做个决定并不容易。但当时机来临时，我会说："你虽患有神经症，但你却很强壮，也很健康。我会派给你更容易的工作，这样你就不必上前线了。"

这个士兵可怜地回答说："我是个穷学生，我得靠上课来养活我年迈的父母。如果我无法上课，他们就会饿死。如果我无法帮助他们，他们就会双双死去。"我原以为，我会给他找到更容易的工作——把他送回家，到机关上班。但是我却担心，如果这就是我的推
106 荐信，我的上级军官就会勃然大怒，而送他上前线。最终，我决定尽我所能实事求是。我会证明他只适合做警卫工作。当我深夜回家睡觉时，我做了一个噩梦。我梦到，我是个凶手，在黑暗又狭长的街道上奔跑，并努力想着我到底杀了谁。我已不记得是谁了，但我觉得："因为我犯了谋杀罪，我的生活结束了。一切都完了。"因此，在梦里，我愣在那儿，直流汗。

睡醒后，我第一个念头就是："我杀了谁?"然后我又想到："如果我不让这位年轻的战士去机关工作，也许他就会被送到前线而阵亡，那么我就是凶手了。"你看到我如何唤起感觉去欺骗自己。我不是凶手；即使不幸真的发生了，我也没罪。但我的生活风格不允许我冒这个险。我是个医生，我得拯救生命，而不是去危害生命。我再次认为，如果我给了他一份轻松的工作，我的上级就会送他去前线，处境不会好转。我突然想到，如果我想帮他，唯一要做的就是遵循常识的规律，不去扰乱自己的生活风格。因此，我证明他适合警卫工作。

后来事情证实了最好要遵循常识这个事实。我的上级阅读完我的推荐信，把它扔了出去。我心想："现在，他要送这个士兵去前线了。原本我应该写要派他去机关上班。"我的上级写道："机关上班，六个月。"结果证明，这位军官受人贿赂，轻易地放行了。这位年轻人在生活中从未上过一堂课，他说过的话也没有哪句属实。他讲述他的故 107
事，只是要我派给他一份轻松的工作，以便受贿赂的军官批准我的推荐信。自从那天后，我就想最好不要做梦。

梦被设计来欺骗自我，陶醉自我，这个事实可以解释梦为何如此难以理解。如果我们理解了自己的梦，它们就不会欺骗我们。它们不再唤起我们的感觉和情绪。我们宁愿以常识的方式进行，我们应当拒绝跟随梦的提示。如果梦被了解了，它们就会失去意义。梦是联结当前真实问题和生活风格的桥梁，但是生活风格不需要再被加强。它应该与现实相联系。梦的变化有许多种。每一个梦都显示出，考虑到个体面对的特殊情境，在某一方面加强生活风格是很有必要的。因此，对梦的解释总是因人而异的。我们不可能以模式化的方式解释象征和隐喻。因为梦是生活风格的一种创造，源自个体对自己特殊情境的解释。即使我简单描述了梦的某几种特殊类型，我也并不是想提出梦的经验法则，而是要帮助我们理解梦及其意义。

许多人曾做过飞翔的梦。这些梦的关键之处，和其他梦一样，在于它们所唤起的感觉。它们留下了一种轻松和勇气十足的心境。它们由下至上引导人。它们把对困难的克服和对优越感目标的努力视为轻而易举的事情。因此，它们允许我们推断一个勇敢的人，高瞻远瞩， 108
雄心勃勃，即便熟睡时，他也不善罢甘休。它们涵盖了这个问题："我是应该继续前进还是止步不前？"回答是："前路无碍。"极少有人没有做过坠落的梦。这非常值得注意，它显示了人们的心理更专注于自我保护和害怕失败，而不是努力克服困难。当我们记起，我们的教育传统是警告孩子、保护他们时，这更容易理解。孩子们总是被劝告：“不要爬到椅子上，不要碰剪刀，不要玩火!”他们总是被这些假想的危险环绕。当然，也存在真正的危险。但是把一个人弄得很胆小则无益于他应对这些危险。

当人们不断地梦到他们瘫痪了，或者没能赶上火车时，其意义通常是：“如果这个问题不需要我的任何推断就能通过，我就很高兴。我必须绕道而行，我必须迟到，这样我就不会面对这个问题了。我必须让火车先走。”许多人梦到过考试。许多人惊讶地发现，自己这么大了还参加考试，或者很久以前就通过的科目，现在还要考试。对这些人而言，意义则是：“你还没有准备好面对即将而来的问题。”对别人而言，这意味着：“之前你通过了这项考试，现在你也会通过的。”一个人的象征绝不会和另一人一样。对于梦，我们必须首先考虑的
109 是，它所残留的心境以及与整个生活风格的一致性。

一位三十二岁的神经症患者前来治疗。她在家中排行第二，像很多次子一样，踌躇满志。她总是想成为第一，以无可非议的方式解决所有问题。她过来时，精神快崩溃了。她爱上了一个比自己大的已婚男人，她的情人在事业中一败涂地。她曾想和他结婚，但他却无法和原配离婚。她梦到，当她住在乡下时，把一所公寓租给了一个男人，这个男人搬进来后不久就结婚了，但却不挣钱。他不诚实，也不勤恳。因为他付不起房租，她就赶他走。乍一看，我们就能明白，这个梦与她现在的问题有着某种关联。她正考虑是否要嫁给一个事业失败的男人。她的情人贫穷，无力支持她。尤其加深这种对比的是，他带她去吃晚餐，却没有足够的钱付账。梦的作用是唤起她反对结婚的感觉。她是个有志向的人，她不希望和一个穷小子联系在一起。她使用了一个隐喻来问自己：“如果他租了我的公寓，却付不起钱，那么对这种房客，我该怎么办?”答案是：“他得离开。”

然而，这个已婚男人不是她的房客，他并不能恰如其分地等同于她的房客。无法供养家庭的丈夫和付不起房租的房客不一样。然而，

为了解决她的问题，更保险地遵循她的生活风格，她给自己一种感 110
觉——“我不能和他结婚”。通过这种方法，她避免以一种常识的方式处理整个问题，而只选择其中的一小部分。同时，她将爱情和婚姻的整个问题缩小到似乎足以用隐喻来表达：“一个男人租了我的公寓。如果他付不起房租，他就必须卷铺盖走人。”

因为个体心理学的治疗技术总是在个体面对生活问题时指向增加个体的勇气，所以人们就很容易理解，梦在治疗的过程中会得到改变，而且揭示了一种更自信的态度。一位忧郁症患者在治愈前所做的最后一个梦是：“我独自一人坐在长板凳上。突然暴风雪来临。幸运的是，我躲开了，我急忙冲向屋里找我的丈夫。然后我帮着他在报纸的广告栏里寻找合适的职位。”患者自己能够解释这个梦。梦清楚地显示了她与丈夫和睦的感觉。最初，她恨丈夫，极度抱怨他的懦弱和缺乏过好生活的进取心。这个梦的意义就是，“与丈夫待在一起，比独自面对危险更好。”虽然我们同意这个患者对她处境的看法，但是她使自己迁就丈夫和婚姻的方式依旧表明，焦虑的亲属习惯给出的某种意见太多余。独自一人的危险被过分强调了，她依然没有准备好与勇气和独立合作。

一个十岁大的男孩被带到我的诊所。他的学校老师抱怨，他以卑 111
鄙和恶毒的手段对待其他孩子。他在学校里偷了东西，把它们放在其他男孩的桌子里，以使他们受到指责。这种行为只在一个孩子觉得有让别人低自己一等的需要时才会发生。他想羞辱他们，来证明他们卑鄙、恶毒，而不是他自己。假如这就是他的方法的话，我们就可以猜到，这种行为肯定是在家庭生活圈中训练出来的，家里一定有某个人是他想羞辱的。十岁时，他曾向街上的一个孕妇扔石头，并因此惹了麻烦。他在十岁时就有可能知道怀孕是怎么回事。我们可能怀疑，他讨厌怀孕，我们难免会想，是否有个弟弟或者妹妹的到来使他不悦。他在老师的报告中被称为“害群之马”。他跟同伴们捣蛋，给他们起外号，讲他们的糗事。他追赶小女孩，甚至还打她们。现在，我们可以认为，有个妹妹与他展开竞争。

我们了解到，他是两个孩子中的哥哥，妹妹四岁。他的母亲说，她很喜欢他的妹妹，一直对她很好。我们很难轻信这种话，这种男孩不可能喜欢他的妹妹。我们后面会看到，我们的怀疑得到了证实。母亲也声称，她和丈夫的关系很理想。这对于孩子而言是种遗憾。很明显，他的父母对他的任何错误都不负责任。这些错误肯定源于他自己
112 邪恶的本性，源于他的命运，或者源于某个远祖。我们常常听说这些理想的婚姻：这样优秀的父母以及这种讨厌的孩子。教师、心理学家、律师和法官都见证了这些不幸。事实上，理想的婚姻可能对一个男孩而言是种巨大的困难：假使他看到母亲全身心关注父亲，就有可能被激怒。他想独享母亲的关注，怨恨她对其他任何人的任何情感表示。如果幸福的婚姻对孩子不利，而不幸的婚姻对孩子更糟，那么我们该做些什么呢？我们必须从一开始就使孩子具有合作性，我们必须把他真正地带入婚姻关系中。我们得避免让他只依附于某一方。我们所提的这个男孩娇生惯养，他想吸引母亲的注意。每当他觉得未受到足够关注时，他就在制造麻烦的方向上得到锻炼。

我们在此直接得到确认。母亲从来不自己惩罚这个孩子，她等父亲回家惩罚他。她可能觉得手软，她觉得只有男人才会发号施令，只有男人才有力量处罚。也许她希望使男孩依附于她，并害怕失去他。无论如何，她都训练这个男孩对父亲失去兴趣，不与他合作。摩擦必然在两个人之间形成。我们听说，这位父亲对妻子和家庭付出很多，但由于这个男孩的缘故，他不愿意下班后回家。他惩罚孩子非常严厉，常常打这个男孩。我们被告知，这个男孩并没有不喜欢他的父亲。这是不可能的，男孩不是低能儿。他已学会了巧妙地隐藏自己的感觉。

他喜欢妹妹，但却不和她一块好好玩，他常常打她耳光或者踢 113
她。他睡在餐厅的沙发上：他的妹妹睡在父母房间的小床上。现在，假使我们感同身受，假使我们同情他，父母房间的这张床就会令我们不快。我们正努力去想象、感受和看穿这个男孩的心理。他想独占母亲的注意。妹妹在夜里和母亲贴得很紧。他必须设法让母亲靠近自己。这个男孩的健康状况很好：出生时很正常，哺乳喂养七个月。第一次使用奶瓶时，他就呕吐了。他的呕吐断断续续发作，直到三岁。他的肠胃多半不太好。他现在吃得好，营养也很好，但他对肠胃的兴趣仍然不减。他把它视为一个弱点。我们现在可以更好地理解，他为何向一名孕妇扔石头。他对饮食过于挑剔。如果他不喜欢饭菜，他的母亲就会给他钱，他就出去买自己喜欢的东西。然而他还是会去邻居那儿走动，抱怨他的父母没有给他足够吃的东西。这就是他操作熟练的把戏。情形总是如此，他重新获得优越感的方法就是诽谤他人。

我们现在可以理解当他来到诊所时所说的梦了。“我是西部的小牛仔，”他说，“他们送我去墨西哥，我拼命寻找出路，回到美国。当一个墨西哥人想来阻止我时，我朝他的胃部踢了一脚。”这个梦的感
觉是：“我被敌人困住。我必须努力战斗。”牛仔在美国被视为英雄； 114
他认为，追逐小女孩和踢别人胃部具有英雄风范。我们已看到，胃在他生活中起到很大的作用——他视之为最有价值的部分。他自己曾饱受胃不适之苦，他的父亲也患有神经性胃病，并一直抱怨。肠胃在这个家里被升到了最高的位置。男孩的目标就是去袭击人们最脆弱的地方。他的梦和行为都准确无误地显示了同一种生活风格。他活在梦里。如果我们无法从梦里叫醒他，那么他会以同样的方式生活。他不仅会与父亲、妹妹、小男孩，尤其还会和女孩发生争斗，而且还想试图和阻止他争斗的医生斗争。他的梦冲动会鼓舞他继续下去，做一个英雄，战胜别人。除非他能明白，他正如何欺骗自己，否则将没有什么治疗能帮助他。

我们在诊所里向他解释了他的梦。他觉得他生活在敌对的环境中，想惩罚并阻止他的每个人都是墨西哥人，他们都是他的敌人。下一次他再来诊所时，我们问他："自从我们上次见面后，发生了什么?""我做了坏男孩。"他回答。"你做了些什么?""我追逐小女孩了。"现在这不仅仅是招认了；它还是种吹嘘和攻击。这里是人们努力改进他的一家诊所，而他却坚持他已是坏男孩了。他说："不要寄希望于任何改进。我会踢你的肚子。"我们拿他如何是好呢？他依然做梦；他依旧与英雄为舞。我们必须减少他从这个角色中获得的满足。"你认为，"我们问他："你的这个英雄会真正追逐小女孩吗？这
115 难道不是对英雄主义的糟糕模仿？如果你想成为英雄，你就应该追求高大、健硕的女孩。或者也许你根本不应该追逐女孩。"这是治疗的一方面。我们必须让他明白，使他不再渴望延续其生活风格，就像谚语所说的"自讨苦吃"。另一方面就是要鼓励他合作，寻找对生活有用一面的意义。没有人会走向生活的无用一面；除非他担心，如果他仍然站在生活有用的一面，他就会被打败。

一个独自生活、以秘书为职的二十四岁女孩，抱怨她的老板恃强凌弱，这让她忍无可忍。她觉得，她无法交到朋友，并保持友谊。经验使我们相信，如果一个人无法交朋友，原因就在于他想支配别人，他实际上只对自己感兴趣，他的目标就是显示自己人格的优越。她的老板可能也是这种人。他们都想控制别人。当这两种人相遇时，势必会遇到问题。这个女孩是家里七个孩子中年纪最小的，也是家里的掌上明珠。她被昵称为"汤姆"，因为她总想做男孩。这增加了我们的怀疑，她将个人控制和优越感目标等同起来。她认为，成为男性就是去主宰、控制别人，而不是控制自己。她娇小玲珑，但她认为人们喜欢她，是因为她漂亮的脸蛋，她害怕形象受损或者受到伤害。如今，娇小玲珑的女孩发现，让别人印象深刻，控制别人会更容易。这个事实，她相当清楚。然而，她想做男孩，想以男性的方式支配：结果她

没有因她的娇小玲珑而洋洋得意。

她的最早记忆是受到一个男人的恐吓。她承认，她仍然害怕窃贼 116
和疯子的袭击。一个想做男性的女孩却害怕窃贼和疯子，这看起来很奇怪；但这实际上并不奇怪。这就是她支配自己目标的无力感。她想生活在她能控制和征服的环境中，她想排除其他所有环境。窃贼和疯子无法受到控制，她想让他们彻底消失。她希望轻而易举就成为男性，如果失败，那么她也想为自己寻找借口。因为对女性角色的广泛不满，正如我所称的“男性抗议”，所以总是存在紧张的气氛——“我是个与女性的种种不利作斗争的男人”。

让我们看看，在她的梦中，是否也能寻觅同样的感觉。她不断地梦到被单独留在家里。她是个被溺爱的孩子：她的梦意味着：“我必须有人照看。把我一个人留在家里很不安全。别人会袭击我，欺负我。”她不断做的另一个梦就是她丢了钱包。“注意，”她说，“你正身处失去某样东西的危险中。”她根本不想失去任何东西，她尤其不想失去控制别人的能力，但她却只选择了生活中的一件事情，丢失钱包，来代表整体。我们对梦如何通过建立感觉来强化生活风格还有另一种解释。她没有丢失钱包，但她却梦到丢失了，这种感觉就保留了下来。一个更长的梦能帮助我们看清她的态度。“我去一个游泳池游泳，那儿有很多人。”她说，“有人注意到，我站在他们的头顶上，我
觉得有人向我尖叫，我身处掉下来的巨大危险之中。”如果我是个雕 117
刻家，我就会以这种方式雕刻她，站在别人的头顶上，把别人作为她的基架。这就是她的生活风格，这里有她想唤起的种种感觉。然而，她认为自己的位置并不稳固，她认为别人也应该意识到她的危险。别人应该小心地照看她，这样她才能继续站在别人的头顶上。她在水里游泳并不安全。这就是她生活的整个故事。她固定了自己的目标：“尽管是个女孩，但仍旧要做男人。”作为最小的孩子，她很有抱负，但她还是想看起来优越，而不是要达到适当的位置。由于害怕失败，

她一直追赶着。如果我们要帮助她，我们就必须找到使她接受女性角色的方法，消除她的恐惧和对异性的高估，使她在同伴中感觉到友好和平等。

一个女孩十三岁时，在一次意外事故中失去了弟弟。她道出了她的最早回忆："当时我的弟弟还是个婴儿，开始学习走路，他抓住一把椅子，想站起来，椅子却倒在他身上。"这是另一次意外事故，我们可以看到她深深感觉到世界上的种种危险。"我最常做的梦，"她说道，"非常奇怪。我常常沿着街道走，街上有一处我看不见的洞。走着走着，我掉进了洞里。洞里都是水，一碰到水，我便打个冷颤，醒过来，心跳得非常快。"我们发现，这个梦并不如她自己发现的那般奇怪；但是如果她继续用它来使自己担惊受怕，她就会认为它很神
118 秘，无法理解。这个梦告诉她："小心。有许多你所不了解的危险。"然而，它告诉我们的还不止于此。如果你在下面，你就不会掉下来。如果她身处坠落的危险之中，那么她必定会猜想，她在别人之上。因此，在最后一个例子中，她说："我高人一等，但是我总小心翼翼，不至于掉下来。"

我们在另一个例子中会看到，我们是否可以发现同样的生活风格在最初记忆和梦中发挥作用。一个女孩告诉我们："我记得自己非常喜欢看正在建造的房子。"我们猜测，她具有合作性。一个小女孩不会被期望去参加造房子，但是她能通过她的兴趣显示出她喜欢分担别人的工作。"我是个小孩，我站在很高的窗户边，窗户的玻璃格子靠我如此之近，仿佛就在昨日。"假使她注意到窗户很高，她一定在心里对高和低做了比较。她的意思是："窗户很大，我很小。"听到她很小，我不会感到奇怪。正是由于此，才让她对比较大小如此感兴趣。她提到自己记得如此清楚，是一种吹嘘。现在，让我们讲述她的梦。"其他几个人和我一起坐在小汽车里。"正如我们所想，她很合作，她喜欢和别人在一起。"我们开着车，开到一棵树前才停下来。大家都

下了车，向树林跑去。绝大多人都比我大。”她再次注意到大小的差
异。“但是我却及时成功到达，进入了电梯。电梯进入了一个三米多
深的矿井里。我们认为，假如我们走出去，我们就会瓦斯中毒。”现
在，她描绘了一种危险。绝大多人都害怕某种危险。人类并不非常勇
敢。“我们万无一失地走了出去。”你看到了这种乐观的看法。如果一 119
个人很合作，他就总是勇气十足、乐观向上。“我们在那待了一会儿，
然后再上来，就迅速跑向小汽车。”我认为，这个女孩总是乐于合作，
但她仍然怀有自己一定更高更大的印象。我们在此会发现某种紧张，
好像她正踮着脚走路。但是她对别人的喜好以及对共同成就的兴趣，
足以使这些紧张销声匿迹了。

第六章
家庭影响

120 婴儿从出生那一刻起，就开始寻求与母亲联系。这就是他行为的目的。在数月内，他的母亲在他的生活中都起到了至关重要的作用：他几乎完全依赖母亲。合作的能力正是在这种情形下最初形成。母亲让她的孩子第一次与另一个人联系，第一次对别人而不是对他自己感兴趣。她是他与社会生活联结的首座桥梁；一个根本不会与母亲（或者取代母亲的其他人）联系的婴儿必将死亡。

这种联系如此亲密，而且影响深远，以至往后的数年里，我们都无法指出作为遗传效果的任何特征。每种可能来自遗传的倾向都再次得到母亲的改造、训练、教育以及修正。她的技能或者技能的缺乏，都影响了孩子的所有潜能。我们所指的母亲的技能，只不过是她与自己孩子合作的能力，以及赢得孩子与自己合作的能力。这种能力不是通过规矩就能教育出来的。每天都会出现新的情况。其中有数以千计的点，她都必须应用她的领悟和理解来满足孩子的需要。只有对孩子感兴趣，赢得他的感情，并保护他的利益，她才会游刃有余。

121 我们可以从她所有的活动中看到她的态度。每当她抱着孩子，四处走动，喃喃自语，给他洗澡，或者喂他，她都有机会使他和自己发生关联。如果她在任务中得不到训练，或者对他们不感兴趣，她就会笨手笨脚，孩子也会抗拒。如果她没有学会如何给孩子洗澡，孩子就会发现洗澡是种不愉快的经验。他试图摆脱她，而不是与她发生联系。她安顿孩子入睡的方式、她的所有活动，以及发出的各种声音都必须手法娴熟。她在照看孩子，留他独自一人时，都必须非常巧妙。她必须考虑整个环境——新鲜的空气、房间的温度、营养状况、睡眠时间、身体习惯以及整洁程度等等。在每种场合中，她都为孩子喜欢她或者讨厌她、愿意合作或者拒绝合作提供了机会。

在母爱的技巧中，并没有什么神秘的力量。所有的技巧都是长期关注和训练的结果。母爱的准备始于生命的早期。从一个女孩对比她年幼孩子的态度，以及她对婴儿和未来工作的兴趣中，便可看到母爱的第一步。教育男孩和女孩，要让他们从事几乎完全一样的工作，这绝不可取。假使我们要培养出技巧娴熟的母亲，我们就必须用母爱教育女孩，以她们想当母亲并认为这是一种创造性活动的方式教育她们，在以后的生活中，当面对要扮演的角色时，她们也不会失望。

遗憾的是，在我们的文化中，女性母爱这部分的价值却被认为是微不足道的。假如重男轻女，假使男孩的角色较优越，很自然女孩就不会喜欢她们未来的工作。没人会满足于从属的地位。当这种女孩结 122
婚了，面对自己要有孩子的情况后，她们会以这样或那样的方式表示她们的抗拒。她们不愿意，也不准备要孩子。她们不期望有孩子，她们不认为这是一种有趣的创造性活动。这也许就是我们社会最大的问题，但却很少努力去解决它。整个人类社会都与女性对母爱的态度息息相关。几乎在每个地方，女性在生活中的地位都被低估了，并被认为是次要的。即便在童年时期，我们也发现，男孩认为家务活仿佛就是佣人的工作，仿佛他们的尊严要求他们绝不应插手家务活。人们通常不把家务活当作女性的一大贡献，而归之为一种苦差事。如果妇女真的把干家务活当作她感兴趣的一种艺术，她能从中使家属的生活轻松且丰富起来，她就能使之成为与世界上其他工作相平等的一项工作。反过来，如果人们认为这对男性而言是一种下贱的工作，那么当女性抗拒她们的工作，反抗它们，并设法证明女性和男性是平等的，她们没有被赋予发展其能力的机会时，我们就要弄清楚什么从一开始就应该是显而易见的。的确，能力只有通过社会情感才会形成，但是社会情感要以正确的方式引导它们，而不是通过强加于它们发展的任何外部限制和约束。

只要女性的地位被低估，整个婚姻生活的和谐就会被摧毁。假如孩子在生活的一开始即被给予了一种有利的位置，那么认为对孩子有
123 兴趣是种低下工作的妇女，就无法训练自己所需要的技巧、理解和同情。对自己的角色不满的女性，她的生活目标会阻止她与孩子建立亲密联系。她的目标和孩子们的目标并不一致，她常常忙于证明她个人的优越。为此，孩子自然就成了一种累赘。如果我们追溯生活失败的案例，那么我们几乎总能发现，母亲没有适当地尽到责任：她没有给予孩子一个良好的开始。如果母亲们都失败了，如果她们都不满意自己的工作，对孩子缺乏兴趣，那么整个人类就如临深渊了。

然而，我们不会因为失败而认为母亲有罪。她们没有罪过。也许母亲自身就没有为合作而受过训练。也许她在婚姻生活中很压抑而且不幸福。她对周围的环境感到困惑、焦虑；有时她还会突发无助和绝望的感受。对美满家庭生活的发展还存在种种干扰。如果母亲病了，那么她可能希望与孩子合作，但却感到有心无力。如果她去上班，那么下班回家时，她也许会筋疲力尽。如果经济条件不好，那么饮食、穿着和气氛都会对孩子不利。此外，决定孩子行为的不是孩子的经验，而是他从经验中得出的结论。当我们探究问题儿童的叙述时，我们看到了他自己与母亲关系中的困境；但是在以更好的方式应对这些问题的其他儿童中，我们也看到了同样的困境。在此，我们回到个体
124 心理学的基本观点中。对性格的发展而言，并不存在任何理由，但是儿童却会为自己的目标，充分利用他们的经验，并使之成为理由。例如，我们不能说，如果一名儿童营养不良，他就会成为罪犯。我们必

须看到他得出了什么结论。

我们很容易理解：假如一位妇女对她的女性角色感到不满，她就会招来许多困难和紧张。我们知道母爱努力的力量。许多研究都清楚地表明，母亲保护孩子的倾向比任何其他倾向都强烈。例如，在动物之中，在老鼠和猿猴之中，母爱的驱力显示得比性或者饥饿驱力更强大；因此，如果必须在这中间选择一种或另一种，那么母爱的驱力会占优势。这种努力的基础并不是性，而是源于合作的目标。母亲常常认为孩子就是身上的一块肉。她通过孩子与整个生活发生联系，她认为自己就是生与死的主宰。从每位母亲身上，我们多多少少都发现了这种感觉，她通过孩子完成了一件创造性作品。我们几乎可以说，她认为自己像上帝一样在创造——从无到有，她创造了一个鲜活的生命。事实上，对母爱的追求只是人类追求优越感（成为像上帝那样的人类目标）的一方面。有一个最清楚的例子可以说明：为了人类的幸福，如何以最深刻的社会情感，将这个目标应用到对别人的兴趣上。

当然，母亲会夸大孩子是身上一块肉的感觉，也会逼迫他以达到
自己的优越感目标。她会设法让孩子完全依赖着她，管制他的生活， 125
使他总是依赖于自己。让我引用一个七十岁农妇的例子来做说明。她的儿子，四十五岁，仍然和她住在一起；两个人都同时感染了肺炎。母亲幸免于难，儿子则被送去医院，不幸去世。当母亲得知儿子的死讯时，她回应说："我早就知道我无法将他抚养成人。"她对孩子的整个一生负有责任。她从未努力使他成为我们社会生活的一部分。我们渐渐明白，当母亲不去扩大她与孩子的联系，并引导他与其余的环境平等合作时，她犯了多大的错误！

母亲与孩子的关系并不简单，她与孩子的联系甚至不应被过分强调。对于母亲和孩子而言，情况都一样。过分强调一个问题，其他所有问题就会被忽视。即便我们遇到一个简单的问题，如果不加以重视，它就不会得到很好的处理。母亲与孩子、丈夫，以及周围的整个

社会生活都有关。这三种联系必须给予同等关注：母亲必须借助常识
冷静面对它们。如果母亲只考虑她与孩子的联系，她就无法避免纵
容、溺爱他们。她会使他们很难形成独立以及与别人合作的能力。在
她成功地让孩子与自己取得联系后，她的下一个任务就是将他的兴趣
扩大到其父亲身上。假使她自己不对他的父亲感兴趣，那么这项任务
126 会无法完成。她也应当将孩子的兴趣转移到他周围的社会生活中，转
移到家中其他孩子、朋友、亲戚以及普通同伴身上。因此，她的任务
是双重的。她必须给孩子一个可靠同伴的最初经验，然后她应当将这
种信任和友谊扩展开来，直至包括整个人类社会。

假如母亲专注于使孩子对自己感兴趣，他以后就会讨厌使自己对
别人感兴趣的所有尝试。他总是会从母亲那寻求支持，对他认为是获
取母亲注意的竞争对手充满敌意。他认为母亲对她的丈夫或者家中其
他孩子表现出的任何关注都是对自己权益的一种剥夺。这个孩子会形
成这种观点：“我的母亲只属于我，不属于任何人。”如今绝大多心理
学家都误解了这种情形。例如，在弗洛伊德学派的俄狄浦斯情结中，
假设孩子有一种倾向：恋上母亲，就想和她结婚；讨厌父亲，就想杀
死他。如果我们了解了孩子的发展趋势，这种错误就绝不会发生。俄
狄浦斯情结只会出现在希望获取母亲所有注意并摆脱其他任何人的孩
子身上。这是一种征服母亲、完全控制她并使她成为奴仆的渴望。这
种情形只会发生在受到母亲溺爱的孩子身上，他们的同伴感绝不包含
世界上的其他人。在极少数情况中会出现：始终只与母亲联系的男
127 孩，会使她成为他尝试处理爱情和婚姻问题的中心。但是这种态度的
意义是：他无法想象与其他任何人合作，除了母亲。他不相信有其他
女人可以成为像母亲一样的臣仆。因此，俄狄浦斯情结始终只是错误
训练的一件人造产品。我们无须假设遗传的乱伦本能，或者真正想
象，这种畸恋在其起源上与性没有任何关系。

一个被母亲束缚在身上的孩子，当被置身于不再和母亲联系的环

境时，麻烦就开始产生了。例如，他上学时，或者在公园里与其他孩子一起玩耍时，他的目标始终和母亲联系在一起。每当他和母亲分开时，他就满腔愤怒。他总希望缠着母亲，占据她的思想，让她关注自己。有许多种方法，他都可以使用。他可能会变成母亲的心肝宝贝，总是软弱、任性，渴望同情。他可能动不动就会哭泣或者生病，来表明他多么需要人照顾。另一方面，他可能会勃然大怒；为了获得注意，他可能会不服从或者和母亲斗争。我们在问题孩子中发现了成百上千个各种被宠坏的孩子，他们为获得母亲的注意而争斗，抗拒每种来自环境的要求。

孩子很快就会找到他获取母亲注意最有效的方法。受宠的孩子常常害怕被单独留下，尤其害怕独自待在黑暗中。他们并不是害怕黑暗本身，而是用恐惧尝试着使母亲更靠近自己。有一个像这样被宠坏的
孩子，他总是在黑暗中哭泣。一天晚上，当他的母亲因他的哭泣回来 128
时，她问他：“你为什么害怕?”“因为很黑。”他回答说。但是他的母亲现在已看到了他行为的目的。“难道我回家后，”她说，“就不黑了吗?”黑暗本身并不重要，他对黑暗的恐惧只意味着他不喜欢与母亲分离。如果这种孩子与他的母亲分开了，他所有的情感、力量和心理能量都会参与到营造他的母亲必须接近他，与他再次联系起来的情境中。他会用尖叫、呼喊、无法入睡或者以其他某种方式惹是生非，来努力使她靠近自己。总是吸引教育学家和心理学家注意的一种方法是恐惧。在个体心理学中，我们不再关注自己找到恐惧的原因，而是识别它的目的。所有受宠的孩子都经受过恐惧：正是借助他们的恐惧，他们可以吸引注意，将这种情感创建到生活风格中。他们使用它来获取与母亲联系的目标。胆小的孩子也是被宠坏的孩子，并想再度受宠。

有时这些受宠的孩子会做噩梦，并在熟睡时大喊大叫。这是一种众人皆知的症状：但是只要睡眠被认为和清醒相互对立，它就不可能

被了解。然而，这是错误的；睡眠和清醒并不对立，而是一种变化。男孩在梦中表现得和白天大致相同。他想改变环境对自己有利的目标影响了他的整个身心。经过一些训练和体验后，他找到了达到目标的
129 最有成效的方法。即使在梦的思维中，和他的目标一致的图像和记忆也进入了心理。一个受宠的男孩，在几次体验后发现，假如他再和母亲在一起，让他害怕的思维就会起很大作用。即使他们长大了，受宠的孩子也经常会做焦虑的梦。在梦中，受惊害怕是获得注意屡试不爽的策略，如今它已成为一种机械化的习惯。

焦虑的这种用法如此明显，以至我们听到一个受宠的孩子不会在夜里惹麻烦，都会非常惊讶。吸引注意的花招名目繁多。一些孩子会发现被褥不舒适，或者叫嚷喝水。另一些人则害怕窃贼或者野兽。一些人无法入睡，直到父母坐在床边。一些人做梦，一些人从床上掉下来，一些人尿床。我治疗过的一个受宠的孩子似乎夜里根本不惹麻烦。她的妈妈说，她睡得很香，不做梦，不半夜醒来，根本不惹麻烦。只有在白天她才会惹麻烦。这令人非常惊讶。我提出吸引母亲注意，使她更靠近的所有病症，这个女孩却没有表现出哪一种。最后，我茅塞顿开。“她睡在哪儿?”我问她的母亲。“睡在我的床上。”她回答说。

疾病常常是受宠孩子的避难所。当他们患病时，他们会比平常更
130 受宠爱。这种孩子在生病后才开始显示出自己是个问题儿童，起初看来是疾病使他成为问题儿童，这是常有的事。然而，事实是，他在康复后想起了患病时他所受到的优待。母亲不再如那时般宠爱他。有时一个男孩会注意到，另一个男孩由于生病而成为注意的中心，他也希望自己生病，甚至会亲一亲生病的孩子，希望能感染上他的病。

一个女孩生病住院四年，非常受医生和护士宠爱。起初，她回到家，受到父母的宠爱。可是几周后，他们的关注减少了。要是她某种想要的东西没有得到时，她就会把手指放进嘴里说：“我一直住在医

院里。”她提醒别人她病了，并试图延续让她随心所欲的大好形势。我们在成年人中也会发现同样的行为，他们常常喜欢谈到他们的疾病或者动过的手术。另一方面，曾让父母伤透脑筋的孩子会在一场疾病之后，恢复正常，不再打搅他们，这是常有的事。我们已经看到，器官缺陷是孩子的一种额外负担；但是我们也看到，它们不足以解释性格的不良特征。因此我们会问，器官缺陷的消失就其本身而言与改变有什么关系？一个男孩，家中的次子，因撒谎、偷窃、逃学、残忍以及不听话，给家里惹了很多麻烦。他的老师不知道拿他如何是好，要求把他送进少年管教所。这时男孩生病了。他的髋部患上了结核病，在巴黎的石膏床上躺了半年。当他康复后，他成了家里最乖的孩子。 131
我们无法相信他的病对他起到了这种作用。很快我们就清楚了，改变源于他认识到了以前的错误。他一直以为父母偏爱哥哥，总觉得自己被忽视了。生病期间，他发现自己成了关注的中心，得到每个人的照顾和帮助；因此他非常聪明地放弃了他总被忽视的想法。

也许补救母亲常常犯错的最好方法就是不让母亲照看孩子，并把他们送给护士或者有关机构，但这种想法很荒谬。当我们努力寻找母亲的代替者时，我们要寻找扮演母亲角色的人——她自己要像母亲那样对孩子感兴趣。这比训练孩子自己的母亲容易得多。在孤儿院长大的孩子常常显示出对别人缺乏兴趣：没有人在孩子和他的同伴间架起人际关系的桥梁。有人曾对孤儿院里发育不良的儿童做过实验。他们找来护士和修女给予儿童个人关照；或者把他安置在家里，让家中的母亲如对自己孩子般照看他。只要养母选择适当，结果就显示出巨大的进步。培养这种孩子最好的方法就是为父母和家庭寻找替代者。如果我们将孩子从父母身边带走，我们所要做的就是寻找完成父母任务 132
的其他人。许多失败者都是孤儿、私生子、遗弃儿以及婚姻破裂家庭的孩子，由此可以看出母亲情感和兴趣的重要性。众所周知，继母非常难当，孩子常常和她对抗。问题并非无法解决，我曾看到对此问题的成功解决，但是大多妇女并不了解这种情况。也许在母亲去世后，孩子转向了父亲，并受到他的宠爱。现在他们觉得失去了父亲的关注，开始攻击继母。继母觉得她必须反击，孩子就真的受委屈了。她向他们挑战，他们比从前反抗得更厉害。与孩子的斗争总是一场失败的斗争：他绝不会被打败或者通过战争赢得合作。在这些斗争中，最软弱的方法才会获胜。向他要求某些东西，他会拒绝给予；有些东西无法通过这种方法获得。如果我们认识到合作和爱绝对不会由武力赢得，那么在这世界上，无法估计的紧张和无用努力就会节省下来。

父亲在家庭生活中的作用与母亲同样重要。起初他与孩子的关系不够亲密，他的影响稍晚才会产生。我们已经描述过，如果母亲无法将孩子的兴趣扩展到父亲身上可能造成的某些危险。孩子在他的社会情感发展过程中就可能遭到严重的阻碍。婚姻不美满，对孩子而言，处境就充满危险。他的母亲觉得自己无法把父亲留在家中；她想使孩
133 子完全遵从自己。也许父母双方都会为个人利益而把孩子作为摆布。每个人都希望孩子依附于自己，比对方得到更多的爱。如果孩子发现了父母之间的分歧，他会手法娴熟地让他们相互争斗。结果，从竞争中可以看到谁更善于管理孩子，或者谁更宠爱他。这种氛围中的孩子，是不可能训练去展开合作的。他所体验的别人间的初次合作就是父母间的合作；如果父母间的合作不充分，那么他们也无法希望能教他们的孩子如何合作。孩子对婚姻和异性同伴的最初印象来自父母的婚姻生活。不美满婚姻中的儿童，除非他们的最初印象被纠正过来，否则就会在悲观的婚姻观念下成长。即便长大成人后，他们也会觉得婚姻注定要结局不幸。他们试图避开异性，或者他们确信在这条路上不会取得成功。如果他父母的婚姻不是和睦的社会生活，不是社会生活的产物，也不为社会生活做准备，那么孩子会受到严重的阻碍。婚姻的意义在于两个人共同谋求彼此、孩子以及社会的幸福；如果它在任何一方面都失败了，它就无法和生活的要求协调一致。

因为婚姻是一种伙伴关系，所以没有哪个人是至高无上的。这一点值得详加探讨，而非老生常谈。在家庭生活的所有行为中，并不需要运用权威。如果其中有个成员特别突出，或者受到更多关注，那会 134
非常不幸。假使父亲脾气火爆，试图控制其他家庭成员，那么男孩们会从对男人的预期中得到一种错误的观念。女孩则更受其害。她们在后来的生活中把男人描述为暴君。婚姻对她们而言似乎是一种征服和奴役。有时她们寻求以反常的方式保护自己免受异性的伤害。假使母亲控制欲强，对其他成员絮叨，情形就会逆转过来。女孩们有可能会模仿她，变得尖酸刻薄。男孩们则总是自我防御，害怕批评，伺机征服她们。有时，不只有母亲专横，而且姑姑和阿姨都加入进来管制他。他变得保守，不想前进，也不参与社会生活。他担心所有的妇女都同样絮絮叨叨，吹毛求疵。他想对全体女性敬而远之。没人喜欢受批评，但是假如个人把它作为躲避批评的主要生活兴趣，那么他与社会的关系就会受到干扰。他看待每件事，只依照自己的统觉图式来判断："我是征服者，还是被征服者?"那些把与别人的关系看作失败或者胜利机会的人，是不可能获得友谊的。

寥寥数语便可总结父亲的任务。他必须证明自己是妻子、孩子以及社会的好伴侣。他必须以良好的方式应对生活的三个问题——职业、友谊以及爱情。他必须以平等的立场与妻子展开合作，照顾并保 135
护好家庭。他不应忘记，妇女在家庭生活的创造性方面所起的作用无人能比。父亲的作用不是赶走母亲，而是与其一道工作。尤其对于金钱事宜，我们应该强调，即便家庭的经济支持依赖于他，这依然是共同的事务。他绝不应让它看起来是他在给予，别人在接受。在美满的婚姻中，男人养家糊口只不过是家庭劳动分工的结果。许多父亲利用他们的经济地位作为管制家庭的一种方法。家中不应有管制者，每个场合都应避免不平等的感觉。每一位父亲都应该意识到，我们的文化过分强调男人的特权地位，结果在婚后，妻子在某种程度上就害怕被控制，害怕低人一等。他应该了解，不能因为妻子是女性，不会以他供给家庭的方式支持家庭，就认为妻子不如自己。如果家庭生活是真正的合作，不论妻子是否挣钱支持家庭，那么谁挣钱、钱归谁不是问题。

父亲对孩子的影响如此重大，以至许多人终其一生都关注他，要么视父亲为偶像，要么视其为最大的敌人。惩罚，尤其是体罚，对孩子总有伤害。不以友善的方式实行的任何教育都是错误的教育。非常不幸的是，惩罚孩子的任务经常落在父亲的身上。有几个原因可以解释为何不幸。首先，它使母亲有这样一种信念，即女性无法真正教育
136 孩子，她们实际上是需要强力支援的弱者。如果母亲告诉她们的孩子，“等你父亲回来处罚你”，她等于是在暗示他们，要把父亲作为最终权威和生活中的实权人物。其次，它破坏了孩子与父亲之间的关系，使得孩子害怕父亲，而不觉得他是一位好朋友。如果一些女性自己惩罚孩子，也许她们就会害怕失去对孩子的情感控制，而解决的方法并不是把惩罚委托给父亲。孩子不会因为她召来了一位帮助她的执行者，就对她少点责备。许多女性依然运用“告诉父亲”的威胁作为迫使孩子顺从的手段。这些孩子对男性在生活中所起的作用，会作何感想呢？

假使父亲有效地处理了生活中的三个问题，那么他会成为家庭整体的一部分，就是位好丈夫、好父亲。他必须与别人相处融洽，才会结交朋友。如果他交了朋友，他就已使家庭成为周围社会生活的一部分。他就不会孤单，不受传统观念的影响。家庭之外的影响也会渗透进来，他向孩子展示社会情感和合作之道。然而，如果丈夫和妻子各有不同的朋友，就会存在真正的危险。他们应该生活在同一社会中，避免因友谊而分离。当然，我并不是指，他们应该长相厮守，互不分离；而是在共同生活的道路上，不存在什么困扰。例如，假使丈夫不想把妻子介绍给他圈子中的朋友，那么这种问题就产生了。在这种情况下，他社会生活的中心便在家庭之外了。他们应该认识到，家庭是

更大的社会中的一个单元，家庭之外还有值得信赖的人和同伴，这对 137
孩子的发展非常有价值。

如果父亲与自己的父母和兄弟姐妹相处融洽，那么这对于培养他的合作能力而言就是一个好兆头。当然，他必须离开家庭，独立自主；但这并不意味着他应不喜欢亲朋好友，与他们决裂。有时两个人仍依赖父母的时候就结了婚，他们会过分重视与原来家庭的联系。当我们谈到“家”这个概念时，他们就会提到父母的家。如果他们认为他们的父母依然是家庭的中心，他们就无法建立真正属于自己的家庭。这就是与每个人有关的合作能力的问题。有时，男方的父母猜疑嫉妒，想知道有关儿子生活的所有情况，并给新家庭造成了很多困扰。他的妻子就会觉得，她没有得到足够的尊重，并对公公婆婆的横加干涉非常愤怒。当男方不顾父母的反对而结婚时，这种情况就特别容易发生。他的父母可能错了，也可能是对的。在儿子结婚前，如果他们对婚姻不满，可以表示反对；一旦儿子结了婚，他们面前就只有一条路——他们必须尽全力保障儿子婚姻的美满。如果家庭差异无法避免，丈夫就应该理解这些困难，而不用忧虑。他应当把父母的反对视为他们的错误，尽力证明自己是正确的。对丈夫和妻子而言，也无
需屈从他们的父母的意愿；但是假如彼此相互合作，妻子也觉得公公 138
婆婆为他们的幸福和利益着想，而不是为个人私利，事情显然就简单很多。

每个人最明确期望父亲要行使的职责就是解决职业问题。他必须受过职业训练，必须能够供养自己，支持家庭。在这方面，他可能得到妻子的帮助，也许以后还要得到子女的帮助。但是在我们现今的文化条件下，经济责任主要落在男人的肩上。这个问题的解决方法就在于：他必须努力工作，勇气十足；他必须了解他的职业，明白其利弊；他必须能够与别人在职业上展开合作，得到他们的好评。他以自己的态度帮助孩子准备面对职业问题的方法。因此，他应该知道成功

解决这个问题的必要条件——寻找有益于整个人类并且有所贡献的职业。然而，他是否认为自己的职业有用，这并不重要。重要的是，职业本身应当有用。我们不必听信他的只言片语。如果他认为自己是个理想主义者，这不免就是个遗憾。但是如果他所做的工作同时对人类共同幸福有所贡献，就不会遭受巨大的损失了。

我们现在要谈论的是爱情问题的解决方法——缔结良缘，营造幸
139 福、有帮助的家庭。对丈夫的主要要求就是，他应该对伴侣感兴趣。一个人对另一个人是否感兴趣，这一点很容易看清。如果他感兴趣，他就会爱屋及乌，使另一个人的幸福成为自己自发的目标。不只是这种情感可以证明兴趣，其他许多情感也可被我们作为一切安好的充分证明。他必须和妻子志同道合；他必须努力使生活更轻松，使她更富有；他必须乐于取悦她。只有当两个人将共同的幸福置于个人利益之上时，才会产生真正的合作。每一方理应都对另一方的兴趣更甚自己。

丈夫在孩子面前不应向妻子表露情感太露骨。的确，夫妻之间的爱和他们对孩子的爱不好相比。它们是两种完全不同的情感，任何一种情感都不会减少另一种。但是如果父母彼此过分亲昵，孩子有时就会觉得自己的地位降低了。他们开始嫉妒，希望制造纠纷。性伴侣关系应该予以严肃对待。因此，父亲对男孩，母亲对女孩解释性问题时，他们就应该只谨慎地解释孩子希望知道的，在其发展阶段可以理解的知识，而不是一厢情愿地提供信息。我认为在我们这个时代有一种趋势，想对孩子解释更多他们无法适当掌握的信息，提起他们对未准备好东西的兴趣和感觉。性问题通过这种方式被弱化了，并被认为
140 只是鸡毛蒜皮之事。这种趋势不比过去对孩子不诚实、隐瞒性知识来得高明。父母最好要明白孩子想知道什么，回答他正在思考的问题，而不是按照我们的标准，强迫他接受我们认为每个人应该了解的。我们必须要获取他的信任，让他觉得我们会与他合作，并愿意帮他找出

问题解决之道。如果我们这样做了，我们就不会错得太离谱。偶尔，有些父母也担心，他们的孩子会从同伴那听到有害的性解释，这一点道理也没有。在合作和独立性方面经过良好训练的儿童，绝不会听信朋友的片面之词。孩子在这些事情上比他们的长辈更加细致。“道听途说”也绝不会伤害到不准备接受错误观点的孩子。

在如今的社会中，男性有更多的机会去体验社会生活，了解社会制度的优劣，以及自己国家和整个世界的道德关系。他们的活动区域仍然比女性大。因此在这些问题上，降临在父亲身上的重任就是担当妻子和孩子的顾问。他不应吹嘘自己丰富的经验，并趁机予以利用。他并不是家庭教师。他应该向朋友那样给出建议，即使别人赞同他，他也要避免得意忘形，引起反感。如果未受过良好合作训练的妻子有反抗，他就不应坚持自己的观点或者使用权威，而是要寻找减少抗拒 141
的方法。他是无法通过争斗而获得成功的。

金钱不应被过分强调，或者成为争执的话题。不挣钱的女性通常比丈夫更敏感，如果指责她们浪费，她们就会感到深受伤害。经济事宜应在家庭能力的范围内，以合作的方式予以处理。妻子和孩子不应利用他们的影响力迫使父亲付出更多他所能提供的。从一开始，大家应该就开支问题取得一致，以免有人感到依赖或者受到虐待。父亲不应认为，他只靠金钱就能保证孩子的未来。我曾读过美国人写的一本小册子，书中描述了一个白手起家的富人，希望子孙后代免受贫穷和匮乏之苦。他去请教一位律师，问他如何做到这一点。律师问他，几代人富裕才能满足他。他回答说他认为可以成功延续到第十代。“是的，你能做到。”律师说，“但是你可知道，第十代子孙中的每个人都有超过五百个祖先。五百个其他家庭都可以宣称是他的祖先。那么，他还是你的后代吗?”我们在此可以看到另一个例子，无论我们为子孙做什么，其实我们都在为整个社会做贡献。我们无法逃避与同伴之间的联系。

如果家中没有权威，那么真正的合作必定会出现。父亲和母亲要
142 齐心协力，就孩子教育有关的问题达成一致。至关重要的是，父亲或
者母亲都不应该在孩子中间表现出某种偏爱。偏爱的危险绝非夸大其
词。几乎童年时期的每一次沮丧都源自别人得到的偏爱。有时，这种
感觉根本不正确，但是有真正的平等就不会让其有发展的机会。如果
男孩比女孩更受偏爱，女孩心中的自卑情结就几乎不可避免。孩子们
都非常敏感，即使一个很好的孩子也会由于怀疑别人得到宠爱，而在
生活中采取完全错误的方向。有时，某个孩子成长更快，或者比别人
更讨人喜欢，父母就很难不向这个孩子表示更多的喜爱。父母应该有
足够的体验和技巧以避免显露任何这种偏爱。否则发展良好的孩子会
使其他孩子相形见绌、灰心丧气。他们开始嫉妒、怀疑自己的能力，
合作的能力也因此受挫。光说没有这种偏爱是不够的。父母还必须观
察孩子的心中是否对这种偏爱存有怀疑。

现在我们开始讨论家庭合作另一个同等重要的部分，即孩子之间
的合作。如果孩子们感觉不到平等，他们就绝不会对社会兴趣有充分
的准备。如果女孩和男孩都感觉不到平等，两性间的关系就会继续出
143 现重大的困难。许多人会问：“同一个家庭的孩子为何差异如此之大？
这是怎么回事？”一些科学家试图将其解释为不同遗传的结果；但我
们却认为这是一种迷信。我们可以把孩子的成长比喻为幼苗的成长。
如果一片树木种在一起，那么事实上每棵树都有不同的处境。如果一
棵树由于得到阳光和土壤的更多滋养而长势迅速，它的壮大就会影响
其他所有树木的生长。它遮蔽了其他树木的阳光，它的根四处延伸，
吸走了它们的营养。其他树则营养不良，长得矮小。某个成员过于突
出的家庭也存在类似情形。我们已经知道，父亲和母亲都不应占据家
中的统治地位。如果父亲非常成功或者很有天赋，那么孩子常常会觉
得，他们永远无法和他相提并论。他们变得灰心丧气：他们对生活的
兴趣受到了阻碍。由于这个原因，名门之后时常让他们的父母和社会

上的其他人大为失望。孩子没有看到超越他们父母的任何方式。如果父亲在职业上非常成功，那么他绝不应该在家中过分强调自己的成功，否则孩子的成长就会受到阻碍。

同样的结论也适用于孩子自身。如果有个孩子发展尤其突出，他就很可能获得绝大多注意和好感。对他而言，这是令其愉快的环境，但是其他的孩子却对这种差别待遇非常憎恨。没有人会不讨厌、不愤怒，就愿意忍受低人一等的地位。这样优秀的孩子会伤害其他所有人，其他人则会在饱受精神匮乏的状况下成长，这样说一点也不过分。他们不会停止追求优越感，因为这种追求不会停息。然而，他们 144
的追求会转向其他可能不现实或者对社会没有用的方向。

个体心理学在儿童的出生顺序的利弊上，为研究工作开辟了一片广阔的天地。为了简化起见，我们假设父母二人合作良好，并尽全力培养子女。可是每个孩子在家中的地位差别仍然很大，每个孩子也因此在全新的环境中长大。我们必须再强调，家中两个孩子所处的环境绝不相同；每个孩子都会在自己的生活风格中，显示出自己尝试适应特殊环境的结果。

每一个长子都经历过一段时间的独处时光，在第二个孩子出生时，他要突然迫使自己适应新环境。长子通常都受到大量的关注和宠爱。他已习惯了成为家庭的中心。突然，情形直转急下，未作任何准备，他就发现自己被赶离了中心的位置。另一个孩子出生了，他不再独一无二了。现在他必须与竞争对手分享父母的关注了。改变总是影响巨大。我们常常在问题儿童、神经症患者、罪犯、酒鬼以及堕落者等这些人中发现，他们的困难是在这种环境下开始的。他们是长子，对另一个孩子的到来感触很深；他们被剥夺的意识铸成了他们的整个生活风格。

其他孩子可能会以同样的方式丧失位置；但是他们可能不会感觉 145
如此强烈。他们已与另一个孩子有过合作体验，他们不再是照顾和关心的唯一对象了。对于长子来说，这是一次彻底的改变。如果他确实在新孩子到来后受到忽略，那么我们无法期望他轻易接受环境。即使他心怀怨恨，我们也不能怪罪他。当然，如果他的父母使得他确信他们的情感，如果他了解了自己的处境很安全，最重要的是，如果他已准备好迎接弟弟或妹妹，并受到训练如何在照顾中进行合作，那么危机便会消失，而没有不良后果。通常，他都没有做好准备。新宝宝的确从他那儿夺走了关注、关爱以及赞赏。他开始设法把母亲拉回身边，并思考如何再次获得关注。有时我们会看到母亲在两个孩子间犹豫不决，每个人都努力比另一个人占有母亲更多的关注。长子更善于运用武力，并想出新伎俩。我们可以猜想他在这些环境中会怎么做。假如我们处在他的环境中，追求他的目标，我们就会做得像他一样。我们会设法使母亲发愁，与她争斗，形成她无法忽略我们的特性。他也会这么做。结果是，他使母亲失去了耐心。他以最粗野的方式，极尽所能地争斗。他的母亲对他惹来的麻烦精疲力竭；现在他才真正开始体验到不再被人爱的滋味了。他为了得到母亲的爱而争斗，结局却
146 是失去了它。最初被冷落一旁只是他的感觉，而现在他的行为使他真的被冷落一旁。他觉得自己言之凿凿。“我明白，”他想，“别人都错了，我才是对的。”这就好像他深陷囹圄：他越挣扎，他的处境就越糟糕。他对自己处境的看法一直都得到证实。当一切事件都已表明他是有道理的时候，他又如何放弃争斗呢?

在这种争斗的每一个个案里，我们必须探究个体所处的环境。如果母亲反击他，这个孩子就会变得暴躁、粗野、挑剔而且不服从。当他反抗母亲时，父亲常常就会给他恢复原来讨人喜欢地位的机会。他开始对父亲感兴趣，设法赢得他的注意和情感。年长的孩子通常都偏爱父亲，站在他们这一边。我们可以肯定，孩子偏爱父亲属于第二阶段：最初他依附于母亲，但是现在她失去了孩子的情感，孩子转向了父亲，以此责备母亲。如果孩子偏爱父亲，我们便知道他曾遭遇悲

剧。他觉得被忽视，不受重视。他无法忘怀，整个生活风格也建立在这种感觉之上。

这种争斗会持续很长时间，有时会历经一生。孩子一旦学会了争斗和抵抗，他就会在各种环境中继续争斗。也许他找不到兴趣相投的人。然后他变得绝望，料想他不可能赢得情感了。接着我们就发现这种特性：满腹牢骚，畏缩保守，无力与别人合作。这种孩子把自己训练得离群索居。他的所有行动和表达都指向了过去，即他是关注中心的那段业已消失的时光。由于这个缘故，最大的孩子通常以某种方式 147
表现出对过去的兴趣。他们喜欢回顾过去，谈论过去。他们是过去的眷念者，对未来感到悲观。有时，失去权力、掌管自己小天地的孩子比其他孩子更懂得权力和权威的重要性。当他长大后，他喜欢搬弄权威，并夸大规则和法律的重要性：每件事都依照规则办事，任何规则都不能随意改变；权力应该掌握在授权者手上。我们可以理解，童年时期诸如此类的影响会产生一种强烈的保守主义倾向。如果这种人为自己谋划了好职位，他就总是怀疑别人会迎头赶上，意图把他赶下来，取代他。

长子的地位虽然会造成特殊问题，但是如果处理得当，也会转化为优势。如果在次子出生后，他已学会了合作，他就不会遭受伤害。在这些长子中间，我们发现有许多人形成了保护并帮助别人的品质。他们学会了模仿父亲或者母亲；他们常常对年幼的孩子扮演父母的角色，照顾他们，教育他们，让自己对他们的幸福负责。有时他们会形成善于组织的非凡才能。这都是有利的例子，尽管保护别人的品质可能被夸大为让别人依赖自己并控制他们的欲望。以我个人在欧洲和美国的经验看来，我发现绝大部分问题儿童都是长子，紧随其后的是幼子。有趣的是，这些极端的地位造成了极端的问题。我们的教育方法 148
仍没有成功解决长子的这种困难。

次子则处于截然不同的位置，一种和其他孩子无法比较的位置。

从出生开始，他就与另一个孩子分享关注；因此他比长子更易于合作。在他的环境中，有更多的人；如果长子不和他争斗，不排挤他，那么他的处境会很好。有关他处境的最重要的事实是一些不同之处。在整个童年时期，他都有个领跑者。总有个在年龄和成长方面都领先他的孩子。于是他受到激励施展浑身解数，迎头赶上。典型的次子是很容易辨认的。他表现得好像在参加一场比赛，有人领先一两步，他得赶紧超过前面的人。他始终要全力追赶。他不断地训练以超过并征服哥哥。《圣经》给了我们许多奇妙的心理学暗示，典型的次子在雅各布的故事中得到生动的描绘。他希望成为第一，取代以扫的位置，打败以扫并超过他。次子被落后的感觉激怒了，他努力奋斗超越别人。他常常获得成功。次子通常比长子更具才华，也更易成功。在此，我们无法猜测遗传对这种发展起到什么作用。如果他前进得更快，这就是他更努力的缘故。即便他长大了，离开了家庭圈子，他也会常常充分利用领跑者，将自己和他认为占据更有利位置的人进行比
149 较，并设法超过他。

我们不仅在清醒的生活中看到这些特性，它们在人格的所有表达中也都留有印记，在梦中也很容易发现它们。例如，长子常常做坠落的梦。他们处于优势地位，但却不相信自己可以保持优越。另一方面，次子常常描绘自己在比赛。有时，梦中的这种追赶足以让我们猜测这个人就是次子。

然而，我们要说，在这一方面没有固定的规则。表现得像长子的不只是长子本人。我们要考虑的是整个环境，而不只是出生顺序。在一个大家庭中，较晚出生的孩子有时也会处在长子的位置中。例如，也许有两个孩子接连出生，一段时日以后第三个孩子也出生了，接着又生了两个孩子。第三个孩子可能表现出长子的所有特征。因此，次子也会如此。在第四个或第五个孩子出生后，典型次子也可能出现。两个孩子一起长大，而与其他孩子分开，他们就会显示出长子和次子

的特征。

有时长子会在比赛中落败，那么你会发现长子出了问题。有时他
可以保住自己的位置，排挤弟弟（妹妹），那么次子会出现问题。当
他是个男孩，第二个孩子是女孩时，他的处境会非常困难。在如今的 150
情形下，他冒着被女孩打败的风险，他可能会觉得这是严重的耻辱。
一个男孩和一个女孩之间的紧张程度，比两个男孩或者两个女孩之间
的紧张程度更高。女孩在这种争斗中就其本性而言更受青睐；到了十
六岁，她在心理和身体上都比男孩发展得快。年龄稍大的男孩就放弃
了争斗，变得懒散，灰心丧气。他到处寻觅诡计，运用不正当的征服
手段，例如吹嘘或者撒谎。我们几乎可以担保，女孩将会在这种情形
下获胜。我们将会看到，男孩使用各种错误的方法，女孩则轻松地解
决问题，并且进步惊人。这些困难都可以避免，但事先要知道危险所
在，在危险到来之前采取各种措施。只有家庭成为平等的整体，成员
之间合作，没有对抗意识，不让孩子毫无根据地认为他有敌人并花费
时间争斗，这样才会避免严重的后果。

所有其他孩子都有弟弟（妹妹），所以也都可能被赶下来，但只
有幼子不会被赶下来。他虽没有弟弟（妹妹），却有很多领跑者。他
总是家里的宝贝，也可能最受宠爱。他面临受宠孩子的种种困难，但
是由于受刺激太多，由于有众多的竞争机会，幼子常常以特殊的方式
成长，跑得比其他孩子都快，并且战胜了他们所有人。幼子的处境在
人类历史中并没有改变。在人类最古老的故事中，我们已记载了幼子
如何超越年长者。在《圣经》中，征服者总是幼子。约瑟夫以幼子的 151
身份长大成人。本杰明在约瑟夫出生后十七年降生了，但是本杰明对
他的成长却没有产生任何影响。约瑟夫的生活风格完全是典型幼子的
生活风格。他总是宣称自己的优越，甚至在梦里也如此。别人必须向
他鞠躬行礼，他使他们相形见绌。他的兄弟都很了解他的梦。这对他
们而言并不困难，因为他们跟约瑟夫在一起，他的态度已足够清楚。

约瑟夫在梦里唤起的感觉，他们也感受到了。他们害怕他，想避开他。然而，约瑟夫还是从最后成为了第一。在以后的岁月里，他成了顶梁柱，支撑整个家庭。幼子常常是家中的顶梁柱，这并非偶然。人们都已知晓这一点，并讲述了许多幼子的故事。事实上，他处在一个非常有利的位置，得到父母和兄弟姐妹的帮助；有许多事可激起他的雄心壮志和努力，没有人在背后攻击他或者分散他的注意。

然而，正如我们所看到的，第二大比例的问题儿童来自幼子。这种现象的原因通常就在于，整个家庭都宠爱他们。受宠爱的儿童永远无法独立。他丧失了凭自身努力获得成功的勇气。幼子总是野心勃勃，但所有最富野心的孩子都是懒惰的孩子。懒惰加上丧失勇气便是野心勃勃的标志；野心太大以致个体看不到实现的希望。有时幼子不愿承认任何一种野心，但这是因为他想在各个方面都超越别人，他希望不受限制，独一无二。从幼子可能遭受了自卑感看来，这一点很容
152 易理解。环境中的每一个人都比他年长、强壮而且经验丰富。

独生子也有自己的问题。他有一个竞争对手，但他的对手并不是哥哥或者姐姐。他竞争的感觉针对他的父亲。独生子受到母亲的宠爱。她害怕失去他，想让他保持在她的关注之下。他形成了所谓的“恋母情结”。他被系在母亲的围裙带上，想把父亲逐出家庭圈子之外。如果父亲和母亲协办合作，让孩子对他们两个人都感兴趣，那么这种情形或许可以得到阻止。但是，绝大部分父亲对孩子的关注都不及母亲。长子有时和独生子非常相像：他们都想征服父亲，都喜欢比自己年长的人。长子常常害怕得要命，唯恐继他之后还有弟弟（妹妹）。家庭的朋友常说：“你应该有个弟弟或者妹妹。”他非常讨厌这种期待。他始终想成为关注的中心。他真的觉得这就是他的权利，假使他的位置受到挑战，他便认为这是巨大的不公。在以后的生活中，只要他不再是关注的中心，就会遇到很多问题。他成长的另一种危险在于他生于一个胆小的环境。如果他的父母由于身体原因不能再生育

了，我们唯一能做的就是尽力解决独生子的问题。但是在想多生孩子的家庭中，我们也会发现这样的独生子。父母们胆怯、悲观。他们觉得自己无法解决多个孩子的经济问题。家里充满了焦虑的气氛，孩子 153
也叫苦连天。

如果孩子出生时间相距太大，每个孩子就都会有一些独生子的特征。这种情形并不十分有利。常常有人问我：“你认为家中孩子间最理想的年龄差距是多少?”“孩子们是应该一个接一个生，还是应该相隔很长时间?”以我的经验看来，我认为最理想的间隔是三年。如果在三岁时，较小的孩子出生了，他就可以展开合作了。他很聪明，足以明白家中不止一个小孩。如果他只有一岁半或者两岁，我们就无法和他讨论；他也无法理解我们的观点。因此，我们无法为他准备即将到来的事。

在全是女孩的家中长大的独生男孩要度过一段艰难的时光。他生活在全是女性的环境中。父亲绝大部分时间都不在家。他只见到母亲、姐姐和仆人。他觉得自己与众不同，孤独地成长。一旦女性们联合起来攻击他，情形更会如此。她们认为，她们必须一起教育他，或者她们想证明，他没有什么理由自以为是。因此出现了大量的对立和竞争。如果他排行中间，他就可能处于最糟糕的位置——来自前后的攻击。如果他是长子，他便处于一个非常敏锐的女性竞争者紧随其后的危险之中。如果他是幼子，他就被当成了“宠物”。女孩群中的独生男孩并不是人人都非常喜欢的。如果有孩子们共同参与的社会生活，他在其中与其他孩子交往，那么问题便迎刃而解。否则，他被女孩围绕着，就会表现得像个女孩。清一色的女性环境和男女混合的环境截然不同。如果房间布置并不标准，而是根据人们的喜好装点，那 154
么你可能认为，女性居住的房间会是整洁有序的，房间的色调也会精心选择，细枝末节也都格外注重。而男性和男孩居住的房间则不那么整洁，里面可能充满了更多的混乱、喧闹和破旧的家具。女孩群中的这种男孩成长中会带有女性口味以及女性化的生活观。

另一方面，他可能强烈地反对这种氛围，非常重视男子气。然后他就总是自我戒备，尽力不受女性的控制。他会觉得，他必须肯定自己的不同以及优越。因此，紧张总是存在着。他的成长朝极端方向发展，他训练自己要么非常强壮，要么非常软弱。这是一种值得研究和探讨的情形。它并不是每天都会遇到的。在我们详述之前，必须考察更多的案例。与此极为类似的是，男孩群中的独生女孩成长时则带有非常女性化或者非常男性化的气质。在生活中，她不断地受到不安全感和无助感的纠缠。

每当研究成年人时，我就会发现，童年早期给他们留下的印象会持续一生。家庭中的位置在生活风格上留下了不可磨灭的印记。成长中的每个困难都源于家庭中的对抗以及缺乏合作。如果我们环视自己的社会生活，并问起对抗和竞争为何是最明显的一面——事实上，不仅在我们的社会生活中，而且在整个世界中，那么我们必须认识到，
155 人们都在四处追求成为征服者、战胜或者超越别人这个目标。这个目标是童年早期训练的结果，也是觉得自己不是家中平等一员的孩子努力对抗和竞争的结果。我们只有训练孩子更好地合作，才能摆脱这些不利。

第七章 学校影响

学校是家庭的延伸。如果父母能够训练他们的孩子，让他们适当 156
地解决生活问题，也就无需学校教育了。在其他文化里，经常有孩子几乎完全在家里训练。手艺人手把手培养儿子，教他们从父辈传承下来的技术和实际经验。然而，我们当今的文化对我们提出了更复杂的要求，所以学校有必要来减轻父母的负担，继续他们已开始的工作。社会生活需要它的成员接受比我们在家中给予他们的更高程度的教育。

在美国，学校还没有经历欧洲已经经历过的许多不同的发展阶段，但是我们有时仍然会看到权威式传统的残垣断壁。在欧洲教育史里，最初只有王公贵族才能接受教育。他们曾被认为是社会中唯一有价值的一群人；别人则被期许安守本分，默默无闻。后来，社会限制扩大了。教育由教会机构掌管，只有少数经过挑选的人才会接受宗教、艺术、科学以及专业学科的教育。

当工业技术开始发展后，这些教育形式就相当不足了。争取更广泛的教育是场持久战。乡村和城镇的学校校长通常都由工匠和裁缝担任。他们手握棍棒教育孩子，教育的结果非常糟糕。只有教会学校和 157
大学才讲授艺术和科学，有时甚至国王都不会阅读和写作。如今，连工人都有必要学会阅读和写作，做加减运算以及绘画。众所周知的公共学校也得以建立。

然而，这些学校总是根据政府的政策而建造的。当时政府的目的在于培养顺从的民众，训练他们维护上层阶级的利益，并能当兵作战。学校的课程都服从这个目标。我记得奥地利有段时间还部分保留这种情形：对平民阶层的训练就是使他们服从，让他们从事适合其地位的工作。我们可以看到这种教育越来越多的弊端。自由的思想开始形成，工人阶级变得更强大，要求也更高。公共学校让他们适应这些要求。时下最流行的教育理念是，我们应该教会孩子为自己着想，给予他们熟识文学、艺术和科学的机会，分享所有人类文明，并对其有所贡献。我们不再希望只教孩子挣钱或者在工业体系中获得一个职位。我们需要同伴。我们需要的是在文化的共同工作中平等、自立和负责任的合作者。

158 不管他们是否了解，所有建议学校改革的人，都在寻找一种方法以增加社会生活的合作程度。例如，性格教育所要求的目的即在于此；如果我们理解这一点，那么这显然是正确的要求。然而，就总体而言，教育的目的和技术还未被完全理解。我们必须寻找许多教师，他们不仅为赚钱而训练孩子，而且要以有益于人类的方式工作。他们必须认识到这项工作的重要性，必须接受训练来完成它。性格教育仍旧处在尝试阶段。我们必须将教条置之度外——迄今为止，性格教育中还没有任何严格、制度化的尝试。然而，即使在学校里，结果也不甚理想。在家庭生活中有过失败的儿童来到学校，尽管得到了所有告诫和劝告，但他们的错误并没有减少。因此，除了训练教师去理解并帮助在校学生的成长以外，别无他法。

这就是我大部分的工作。我认为，维也纳许多学校已领先于其他地区。在别的地方，虽然也有精神病学家查看孩子，给他们建议，但是除非教师同意并且了解如何实施这些建议，否则优势又在哪儿呢？精神病学家每周查看孩子一次或者两次——也许甚至每天一次——但是他并非真正知道来自环境、家庭、家庭以外以及学校本身的影响。他写了一个便条，说孩子应该改善营养或者接受甲状腺治疗。也许他给了教师暗示，这个孩子需要个别指导。然而，教师却不知道这个处方的目的，对避免错误也没有经验。除非他自己了解孩子的个性，否 159
则他无能为力。我们需要精神病学家和教师间进行最密切的合作。教师必须知道精神病学家所知道的一切，以便在讨论完孩子的问题后，他才可以独自进行工作，而无需进一步的帮助。如果出现任何始料不及的问题，他就应该明白要做什么，就如同精神病学家在场一样。最实用的方法可能就是咨询委员会（Advisory Council），比如我们在维也纳所建立的。我将在本章的结束部分描述这种方法。

当孩子第一次上学时，他会面对社会生活的新考验。这种考验会揭示他成长中的各种错误。现在，我们必须在比从前更广阔的场合下合作，如果他在家里受到宠爱，也许他就不愿离开受到庇护的生活，加入其他孩子的行列。这样，我们就能看清受宠孩子上学第一天里社会情感的种种限制。他可能会哭泣，希望被带回家。他对学校的工作和教师都不感兴趣。他不听老师说的话，因为他总是想着自己。假如他继续自顾自己，他就仍然会在学校里名落孙山，这一点很容易看清。父母常常告诉我们，问题儿童在家里不惹是生非；但是一上学问题就出现了。我们怀疑，儿童觉得自己在家里处于一个特别有利的环境之中。家里对他没有任何考验，成长中的错误就体现不出来。然而，一上学，他就不再受到宠爱，他觉得这种情形是种挫败。

有个孩子，自上学第一天起，除了嘲笑教师的一举一动之外，就 160
无所事事。他对任何学校工作都不感兴趣，有人认为他肯定是低能儿。当我看到他时，我对他说：“大家都想知道你为什么总是嘲笑学校。”他回答说：“学校就是父母编出来的一个笑话。他们把孩子送到学校，愚弄他们。”他在家中总是受到嘲弄，他认为每一处新环境都是针对他的新笑话。我向他指明，他过分强调保护自己尊严的必要性了；并不是每个人都要来愚弄他的。结果，他使自己对学校的工作产生兴趣，并取得很大进步。

学校教师的工作就是注意孩子的困难，纠正父母的错误。他们发现一些孩子已准备好面对这种更广阔的生活。他们已在家中受过训练，使自己对别人感兴趣。有些人则未做好准备。当个体对问题未做好准备时，他就会犹豫不决或者畏缩不前。每个落后但又不是低能儿的孩子，面对社会生活的适应问题时都会犹豫不决，而教师则处在帮助他应对新环境最好的位置。

但是教师要如何帮助他呢？教师必须做母亲应该做的事——和孩子联系在一起，对他感兴趣。孩子对整个未来的适应取决于对孩子的兴趣。教师绝不能对严厉或者惩罚感兴趣。如果一个孩子来到学校，发现很难与教师和同伴沟通，那么成人所做的最糟的事就是批评、指
161 责他。这种方法只是非常清晰地表明，他讨厌学校是对的。我必须承认，如果我自己是个在学校总受责骂和指责的孩子，我就会尽可能分散对教师的注意。我会寻找进入新环境、避开学校的方法。大多逃学、视学校为令人不快场所的学生，都是坏学生，装出很傻、很难对付的样子。他们其实并不笨。他们常常在找借口不去上学或者伪造父母的信件时，表现出极高的天分。然而，在校外，他们也发现了在他们之前就已逃学的其他学生。他们从这些同伴中获得了比在学校里得到的更多的理解。他们对自身感兴趣，证明自身有价值的圈子不是学校班级，而是帮派团伙。在这种情形中，我们可以看到，未成为班级整体一员的儿童如何受到激怒，使自己步上了犯罪的路途。

假使教师想要吸引孩子的注意，他就会了解孩子以前的兴趣在哪里，并让他相信他在这种兴趣上以及在其他兴趣上都能获得成功。当孩子在某一方面觉得有信心时，在其他方面激励他就更容易了。因此，从一开始，我们就应该发现孩子如何看待世界，哪种感觉器官吸引了绝大部分注意，并受到最高程度的训练。一些儿童对观看最感兴

趣，一些则喜欢聆听，还有一些喜欢运动。视觉型的儿童更易于关注
运用眼睛的学科，例如在地理或者绘画方面。如果教师上课，他们便
不会听讲；他们对听觉注意并不太习惯。假如这种孩子没有机会通过 162
眼睛学习，他们就会落于人后。也许有人会认为他们没有能力或者缺
乏天分是理所当然的；而责任则被归结为遗传。如果没有人受到指
责，教师和家长就难辞其咎，因为他们没有找到使孩子感兴趣的正确
方法。我不建议对孩子实行专门化教育；高度发展的某种兴趣应该用
来鼓励孩子发展其他兴趣。当今，有些学校借用吸引所有感官的方法
教育孩子各种课程。例如，将描摹或者绘画的练习与课程结合在一
起。这是一种应予以鼓励并进一步发展的趋势。讲授课程的最好方法
就是与生活的其他部分紧密相连，这样孩子就能看到教导的目的和他
们学到的实际价值。常常有人提出这个问题：是教导孩子课程还是教
他们自己思考？在我看来，这个问题中的对立太严重了。两种方法可
以结合起来。例如，教孩子数学与建造房屋联系起来，让他计算需要
多少木材，里面可以住多少人等等，对他就大有裨益。一些课程很容
易放在一起教，我们经常发现专家把生活的一部分和另一部分联系起
来。例如，一名教师可以和孩子一起散步，发现他对什么最感兴趣。
他可以教他们同时去了解植物以及植物的构造、进化及其利用，气候
的影响，国家的自然特征，人类历史以及几乎生活的方方面面。当 163
然，我们必须假定，这位教师对他所教的学生真正感兴趣。但是一旦
我们无法做出这种假设，教育孩子便无望了。

在现今的体制下，我们通常发现，孩子们开始上学时，他们都对竞争的准备胜过合作，对竞争的训练持续整个学校时光。对孩子而言，这是种不幸；如果他向前进，努力打败其他孩子，他的不幸并不比他落后于人进而放弃斗争要少。在这两种情境下，他在根本上都只对自己感兴趣。他的目标并不是奉献和帮助，而是弄到一切他可以弄到的。家庭就是一个整体，每个成员都是平等的一分子，班级也应该

如此。只有以这种方式受训，孩子们才会对别人真正感兴趣，并享受合作。我曾见过许多困难儿童通过与同伴合作并对他们感兴趣之后，他们的态度发生了彻底的改变。在这里，我特别提到一个孩子。他来自一个他认为对自己充满敌意的家庭，他预想在学校里每个人也会与他为敌。他在学校的功课很糟糕，父母听说了以后，就在家里惩罚他。经常会遇到这种情况：一个孩子在学校里拿了一张很差的成绩单，挨了骂；他拿回家后，又再次受罚。这种经验足以让人灰心丧
164 气，因为双重惩罚非常可怕。这个孩子依然落后，在班里起到不良的影响，就不足为奇了。后来，他找到了一个理解他处境的老师。这位老师向其他孩子解释了这个男孩为什么认为每个人都是他的敌人。他号召他们帮助他，让他相信他们都是他的朋友。结果，这个男孩的整个行为和发展都得到了难以置信的改善。

有时人们会怀疑，孩子是否真正学会以这种方式理解并帮助别人。以我的经验来看，孩子常常比他们的长辈更能理解人。有位母亲曾经把她的两个孩子带到我的房间来，一个两岁的女孩和一个三岁的男孩。小女孩爬上了桌子，她的母亲吓了一大跳。她紧张地一动不动，只是大叫道："下来！下来！"小女孩熟视无睹。三岁的男孩说："不准动！"女孩迅速地爬了下来。他比他的母亲更了解妹妹，知道她要做什么。

常常有一种看法认为，要增加班集体的团结和合作，就得让孩子们自我管理。但我认为在这种尝试中，我们必须在老师的指导下谨慎行事，并且确保他们有所准备。否则，我们会发现孩子们对自我管理并不十分严肃：他们视其为一种游戏。结果，他们有可能比教师更严格、更苛刻；或者他们利用班会来获得个人利益，争权夺利，排斥异己或者获得优越地位。因此，一开始教师就应该关注和劝告孩子。

165 如果我们想找到孩子当前心理发展、性格以及社会行为的标准，那么我们无法避免运用这样或那样的测验。实际上有时，比如智力测

验之类的测验可以成为儿童的救星。例如，一个男孩成绩很差，老师想让他留级。但是他做了智力测验后，却发现其实他可以得到提高。然而，我们应该意识到，我们无法预测孩子未来成长的潜力。智商应该只用来了解孩子的困难，这样我们就可以找到解决它们的方法。就我的经验来看，当智商没有显示是真正的低智能时，如果我们找到了正确的方法，智商就可以提高。我发现，只要让孩子们玩智力测验，熟悉它们，找到窍门，增加这些测验考试的经验，他们的智商就会得到提高。智商不应该被认为是由命运或者遗传决定的对孩子未来成就的一种限制。

孩子自身或者孩子父母都不应该知道他的智商。他们不知道测验的目的，他们认为这代表了最终判决。教育的最大困难，并不是由孩子的种种限制产生，而是由他认为他有什么不足产生。如果一个孩子知道了自己的智商低，那么他可能变得绝望，并认为成功遥不可及。我们应该设法增加孩子的兴趣和勇气，解除由于他对生活的解释而为自己的能力设定的种种限制。

学校成绩单也应如此处理。教师给了一个孩子很差的成绩单，他 166
认为这是在激励学生更加努力。然而，如果这个孩子家教严格，他就害怕把成绩单带回家。他可能不回家或者涂改成绩单。有时孩子甚至会在这种情形下自杀。因此，教师们应该考虑后面会发生什么事情。他们虽不对孩子的家庭生活以及它对孩子的影响负责，但是他们必须加以考虑。如果父母都望子成龙，当他带着很差的成绩单回家时，就有可能面对责骂的场景。如果教师稍稍温和，更加怜悯，孩子就可能受到鼓励，继而获得成功。当孩子总拿到差成绩单，从而每个人都认为他是班里最差的学生时，他就信以为真，认为这不可改变了。然而，即使最差的学生也会进步的，在许多著名人士之中，有足够的例子可以说明，学校的后进生可以恢复信心和兴趣，成就伟大的业绩。

非常有趣的是，孩子自己虽没有凭借成绩获得任何帮助，却通常

对另一个人现有的能力有着相当良好的判断。他们知道谁的数学、拼
写、绘画和体育最好，并把他们自己分出三六九等。他们最常犯的错
误就是认为自己无法做得更好。他们看到别人领先于自己，就认为自
己无法赶上了。如果一个孩子对这种看法非常坚定，他就会把它转移
167 到以后的生活中去。即使在成年生活中，他也会计算他自己相对于别
人的位置，并认为他肯定始终留在这一点之后。学校里大部分孩子在
不同的班级差不多都占据同样的位置。他们总独占鳌头、位于中游或
者排名垫底。我们不应该看到这个事实，就好像认为它表明了他们多
多少少有着天赋的血统。它显示出他们为自己设定的种种限制、他们
的乐观程度以及活动范围。人们绝不会不知道，曾排名垫底的孩子会
发生改变，甚至取得惊人的进步。孩子们应该知道包含在这种自我限
制中的错误；教师和孩子都应该放弃智力正常儿童的进步可能与其遗
传有关的迷信。

在教育所犯的错误中，遗传限制发展的观点最为糟糕。它给了教师和家长解释他们的错误并减少他们努力的机会。他们可以从自己对孩子的影响所担负的责任中解脱出来。逃避责任的每一种尝试都应予以反对。如果一名教育者真的将性格和智力的整个发展都归结于遗传，那么我不明白他在职业中还希望实现些什么。另一方面，如果他知道他自己的态度和努力影响了孩子，他就不会用遗传的观点逃避责任。

在此，我谈到的不是身体遗传。器官缺陷的遗传无可争辩。我认
168 为，只有个体心理学才了解这种遗传缺陷在心理发展中的重要性。儿
童在内心体验了器官发挥作用的程度。他根据对自身不利条件的判断
来限制自己的发展。影响心理的并不是缺陷本身，而是儿童对待缺陷
的态度。因此，假如一名儿童有器官缺陷，那么尤其有必要知道，他
并没有理由认为，他在智力或者性格上受到限制。我们在前面的章节
里已看到，同样的器官缺陷被认为是对更大努力和成功的一种刺激，

或者被当成是必定要妨害发展的一种障碍。

最初，当我提出这个结论时，许多人都批评我不科学，认为我提出了与事实相左的个人信念。然而，正是从个人经验中，我得出了这个结论，有利的证据也在逐步积累之中。现在，许多其他精神病学家和心理学家都已获得同样的观点，认为遗传中的性格成分可能是一种迷信。正是这种迷信存在了数千年。只要人们想逃避责任，对人类行为采取宿命论的观点，性格特质来自遗传的理论就必然会出现。这种观点最简单的形式就是人之初性本善或者性本恶。它在这种形式中很容易被显示为荒谬之词，只有强烈渴望逃避责任才会允许它存在。“善”和“恶”，像性格的其他表现一样，只有在社会背景中才有意义；它们都是在社会背景中、在我们的同伴中训练的结果。它们隐含 169
了一种判断：“有助于别人的幸福”或者“违背了别人的幸福”。孩子出生之前，他还没有这种意义上的社会环境。出生后，他就有了向任何方向发展的潜力。他所选择的道路取决于他从自身和环境中接受的印象和感觉，以及他对这些印象和感觉做出的解释。这尤其依赖于他的教育。

心理官能的遗传亦是如此，虽然证据也许并不明显。心理官能发展中的最大因素就是兴趣。我们已看到能否阻碍兴趣的不是遗传，而是丧失勇气以及对失败的恐惧。毫无疑问，大脑结构在某种程度上是遗传的，但是大脑只是工具，而不是心理的起源。而且，如果缺陷还没有严重到我们目前的知识无法修补的地步，大脑就可以通过训练来补偿其缺陷。在每一种非同一般的能力背后，我们所发现的，不是异乎寻常的遗传，而是持久的兴趣和训练。

即便我们发现很多家庭不止一代对社会贡献了许多才华横溢的成员，我们也无需假设任何起作用的遗传影响。我们宁可认为，家中一个成员的成功对别人都是一种激励，家庭传统使得孩子们追随他们的兴趣，通过练习和实践来训练他们。因此，例如，当我们听说伟大的

化学家李比希（Leibig）是药店老板的儿子时，我们就无需想象他在
170 化学方面的能力是遗传得来的。如果我们知道，他所处的环境允许他
追求他的兴趣，这就足够了。在绝大多数孩子对化学还一无所知的年龄时，他就已经对这门学科的大部分内容相当熟悉了。莫扎特的父母对音乐很感兴趣，但是莫扎特的天分并不是遗传得来的。他的父母希望他对音乐感兴趣，并给予他每一个鼓励。从婴儿期开始，他的整个环境就围绕着音乐。我们通常在杰出人士中发现“早期开始”这个事实：他们在四岁时就弹奏钢琴，或者他们还很小时，就为家里的其他成员写故事。他们的兴趣长久而且持续。他们的训练自然而又广泛。他们保持自己的勇气，既不犹豫，也不后退。

假使教师自身认为发展有种种固定的限制，那么他就不能成功移除儿童给自己发展设定的种种限制。如果他可以对孩子说，“你没有学数学的天赋”，那么这会使他的处境轻松多了；但是这样做除了使孩子灰心丧气之外，毫无作用。我自己在这方面有一些经验。我在上学时，有好几年都是数学差等生，我也相当确信我完全缺少数学才能。幸运的是，有一天我发现自己令人吃惊地解决了一道难倒学校校长的题。这个成功改变了我对数学的整个态度。以前我对这门学科不感兴趣，现在我开始享受它了，利用每次机会来增加我的能力。结
171 果，我成了学校里数学最好的学生之一。我想，这种经验帮助我看清
了特殊才能或者天生能力理论之谬误所在。

即便在人多的班级里，我也能观察出孩子间的差异。假如我了解了他们的性格，要比他们仍是混乱的全体，更能掌握他们。然而，人多的班级当然也有不利。有些孩子的问题被隐藏了起来，教师很难适当地予以处理。教师应该确切了解所有的学生，否则他就无法培养兴趣和合作。如果孩子们在几年内都有同一个教师，我想这是巨大的帮助。在一些学校，每六个月就更换教师。没有哪个教师有大量的机会与孩子相处，看出他们的问题，跟随他们的发展。如果一位教师同一

群孩子待在一起三四年，他就更容易发现并改正孩子生活风格中的错误，将班级打造成一个合作型的社会单位也会更容易。

对孩子而言，跳级并不常常有利；他通常背负上无法实现的期望。如果他在同学中年龄太大，或者他比班里的其他孩子发展更快，那么也许应该考虑促使孩子升级。然而，假使班级正如我们所提倡的那样，是一个单元，那么一个成员的成功就是对其他人有利的。只要班里有才华横溢的孩子，整个班级的进步就会加速提高。剥夺别人的这种激励，对他们就不公平。我宁愿建议，一个天资聪颖的学生除了完成班级的正常任务之外，还应该让他参与其他活动，培养其他兴
趣——比如绘画等。他在这些活动中的成功也会扩大其他孩子的兴 172
趣，并鼓励他们向前进。

如果孩子们留级重读，这就更加不幸。每一位老师都赞同，留级重读的孩子通常在学校和家里都有问题。但情形并非总是如此：少数人可能会留级重读，却不给我们带来任何麻烦。然而，绝大部分留级重读的学生总是落后，而且惹是生非。他们不太受同伴欢迎，对自己的能力持有悲观的看法。在现今的学校规章中，我们无法轻易地摆脱让孩子留级重读的现状，这是个难题。有些教师利用假期训练落后的孩子，让他们认识到生活风格中的错误，使他们不必留级重读。当这些孩子认识到错误后，他们就可能在下一个班级里继续获得成功。事实上，这是我们可以真正帮助后进生的唯一途径；通过让他看到在评估自己能力时所犯的错误，我们才能任由他凭自己的努力取得进步。

只要一看到把孩子分为慢生和快生两个等级，并将他们分到不同的班级，我就注意到一个突出的事实。我的经验主要来自欧洲，我无法告诉他们，同样的观察也适用于美国。在慢生等级中，我发现了低智能孩子和贫穷家庭的孩子在一起。在快生等级中，我发现主要都是
富有父母的孩子。这个事实似乎足够清楚了。在贫寒的家庭中，孩子 173
的准备并不充分。父母面对太多困难，他们无法花费太多时间为孩子

做准备，也许他们自身所受教育也不足以帮助他们。然而，我却不认为，未在学校得到良好训练的孩子应该被安排在慢生等级。得到良好训练的老师知道如何纠正他们所缺乏的准备，他们会从与准备充分孩子的相处中获益良多。如果他们被安排在慢生等级，那么他们通常会很快意识到这个事实。快生等级的孩子也知道这一点，并且看不起他们。这就成了丧失勇气和追求个人优越感的沃土。

在原则上，男女同校应该得到所有支持。对男孩和女孩而言，这是更好地了解彼此以及学会与异性合作的绝妙方法。然而，那些认为男女同校会解决所有问题的人，犯了一个巨大的错误。男女同校提出了一个特殊之处，除非这个特殊之处得到认识，并被当作一个问题来处理，否则两性间的距离会因男女同校变得更大。例如，困难之一就是在十六岁之前，女孩要比男孩成长得快。如果男孩不了解这一点，他们就很难保持自己的自尊。他们看到自己被女孩超越，就会灰心丧气。他们在以后的生活中会害怕与异性竞争，因为他们记得自己的失败。支持男女同校并了解其问题所在的老师会凭借它取得很大成功，但是如果他完全不赞同，对它也不感兴趣，他就会失败。另一个问题
174 是，如果孩子未得到适当训练和监督，就一定会出现性问题。学校中的性教育问题非常复杂。教室不是性教育的合适场所。如果一名教师对整个班级讲述这些东西，他就无从知晓每一个孩子是否以正确的方式理解了。他可能因此引起他们的兴趣，而不知道他们是否准备好接受它们，或者如何将它们纳入自己的生活风格中。当然，如果一名儿童想知道更多，私下里问问题，教师就应该给他真实、明确的答案。而教师也就有机会判断，这个孩子真正想知道什么，并将他引向正途。然而，如果班级总是讨论性问题，那么这肯定是不利的。一些孩子必定会产生误解，认为性无关紧要，这并不见得就有用。

对于理解儿童受过训练的任何人，都很容易区分出生活的不同类型和风格。孩子的合作程度可从他的姿态、观察和聆听的方式、与其

他孩子保持的距离、是否易于交友、集中注意的能力等方面看出来。如果他忘了功课，或者丢了课本，我们就可推断他对学习不感兴趣。我们必须找到他讨厌学校的原因。如果他不参与其他孩子的游戏，我们就能看出他的孤独感和只对自己的兴趣。如果他总想在学习中得到帮助，我们就能看出他缺乏独立，渴望别人的支持。

一些孩子只在得到表扬和欣赏时才学习。许多受宠的孩子只要得 175
到老师的关注，就会在学业中表现非常好。如果他们失去了特殊照顾，问题就会出现。除非有观众，否则他们就无法继续学习；如果没有人关注他们，他们的兴趣就会消失。数学通常给这些孩子带来巨大的挑战和困难。当问他们记得几条定律或者几个公式时，他们表现得非常好，但是一旦自己解决问题就不知所措了。这也许看起来是个小错误。始终要求别人支持和关注的孩子给我们的正常生活带来了巨大的危险。如果他的态度仍然不变，那么他会在成年生活中继续需要和要求别人的支持。当他面对问题时，他会以迫使别人帮他解决问题的行为做出反应。他终其一生都不会对别人的幸福有所奉献，而是尽可能成为同伴的永久负担。

另一种类型的孩子渴望成为关注的中心，如果位置不合心意，他就设法通过搬弄是非、扰乱班级、带坏其他孩子、成为众矢之的等手段来获得注意。责备和惩罚不会改变他，因为他深谙此道。他宁愿被打，也不愿被忽视。他的行为所产生的痛苦只不过是他为快乐所付出的代价而已。许多孩子只通过对惩罚的挑战来继续自己的生活风格。他们认为这是一种比赛或者游戏，以便看清谁坚持最久。他们总是取得胜利，因为这个问题在他们掌握之中。与父母或者教师对抗的孩子
受到惩罚时，会锻炼自己一笑了之，而不是哭天抢地。 176

懒惰的孩子，除了懒惰是对父母和老师的直接攻击之外，通常还是一个害怕失败的雄心壮志者。每个人对成功的理解都不尽相同。有时发现孩子把什么当作失败，也会令人惊奇。有许多人如果自己不领

先别人，就会认为自己失败了。如若有人做得更好，即使他们成功了，他们也会认为失败了。懒惰的孩子绝不会体验到失败的真正感觉，因为他从不面对考验。他回避眼前的问题，推迟做是否与别人竞争的决定。别人多多少少都认为，如果少些懒惰，他就能应对种种问题。他在那个幸福的国度里避难：“只要我去尝试，我就能做任何事。”只要他失败了，他就会减少失败的重要性，保持自己的自尊。他会自言自语：“我只是懒，而不是缺乏能力。”

有时老师会对懒学生说：“如果你更努力学习，你就会是班上最优秀的学生。”如果他不费力就获得了这种名誉，那么他为何要学习而冒失去它的危险呢？也许如果他不再懒惰，那么人们便不会以为他怀才不遇了。人们会以他的成就，而不是以他可能达到什么，来判断他。懒孩子的另一个个人优势就是，如果他做了一点点工作，他就会得到表扬。每个人从他的行为中看到改正的迹象，就渴望激励他更加进步。勤奋的孩子做了同样的工作绝不会受到关注。懒孩子以这种方
177 式生活在别人的期望中。他也是个得宠的孩子，从婴儿期就开始训练自己盼望着饭来张口衣来伸手。

另一种类型的孩子很常见，也容易辨认：他们是在同伴中起带头作用的孩子。人类确实需要领导者，但只需要顾全其他所有人利益的人；这种领袖并不常见。绝大多带头的孩子只对支配、控制别人的情形感兴趣，只有在这些情形中，他们才会加入同伴中。因此，这种类型并不是一帆风顺的类型。在以后的生活中，必定会出现许多困难；两个这样的领导者在婚礼、商业或者社交场合中碰面，不是成为悲剧就是闹剧。每个人都在寻找控制别人并建立自己优越地位的机会。有时，家中的长者以观看受宠的孩子指挥、欺负别人为乐。他们取笑他，并怂恿他。然而，老师不久就会看到，这不是对社会生活有利的性格发展。

孩子之中有各种类型，我们的目标并不是把他们塑造成某种类

型，或者把他们培育为成片的树林。我们希望阻止明显往失败和困难方向的发展：这些发展在童年时期相对容易纠正或者阻止。只要他们没有得到纠正，成年生活中产生的社会结果就会很严重而且有害。童年时期的错误和成年时的失败是直接相关的。没有学会合作的孩子以后会是神经症患者、酗酒者、罪犯或者自杀者。焦虑性神经症患者害 178
怕黑暗、陌生人和新环境。忧郁症患者是爱哭的婴儿。在当今的社会中，我们无法期望接触到所有父母，并帮助他们避免错误。最需要建议的父母是从不接受建议的父母。然而，我们也希望接触到所有老师，通过他们接触到所有孩子，纠正他们犯过的错误，训练孩子过独立、勇敢和合作的生活。在我看来，这项工作中蕴藏了对人类未来幸福的最大承诺。

大约十五年之前，我就以此为目标，开始在个体心理学中发展咨询委员会，它在维也纳和欧洲许多城市都已被证实很有价值。有崇高的理想和远大的抱负自然是好事，但如果没有方法空谈理想，那么一切都证明毫无价值。在这十五年经验之后，我想我可以说，这些咨询委员会已被证明是完全成功的，并给我们提供了处理童年时期问题以及教育孩子成为负责任的人的最有效工具。当然，我也会认为，如果咨询委员会以个体心理学为基础，那么它们将会获得更大成功；但是我也看不到它们有什么理由不和其他学派合作。事实上，我一直提议，咨询委员会应与心理学不同流派建立联系，再比较每个流派所得到的结果。

在咨询委员会的方法中，受到良好训练并对教师、父母和孩子的 179
困难有着丰富经验的心理学家，与学校的老师一道讨论工作中出现的问题。当他造访学校时，一个或者多个教师描述某个儿童的案例以及他提出的问题。也许这个孩子懒惰，或者爱争执、逃学、偷东西，或者在学业上落后。心理学家贡献自己的经验，并进行讨论。孩子的家庭生活、性格以及发展都予以描述。问题第一次发生的环境也应提到。教师和心理学家一起探究问题产生的原因以及如何处理它。由于他们有着丰富的经验，很快他们就达成共识。

心理学家造访之日，孩子和母亲都应到校参加。在他们决定了如何向母亲说、如何影响她以及让她明白孩子失败的原因之后，母亲就被请进来。在母亲透露更多的信息之后，心理学家和母亲之间开始讨论，他建议采取什么措施帮助这个孩子。通常母亲为有咨询的机会而感到高兴，并准备好合作。如果她对抗，那么心理学家或者老师可以举出类似的案例，并从中引出她可以运用到自己孩子身上的各种结论。

然后孩子进入房间，心理学家跟他谈当前的问题，而不是自身的错误。他寻找妨碍孩子良好发展的看法和判断，以及他所忽视而别人关注的信念等等。他不责备孩子，却与他进行友好交谈，带给他另一
180 种观点。如果他提到实际的错误，他就把它当作假想的案例，征求孩子的看法。对没有这种工作经验的人而言，看到孩子的理解多么充分，他的整个态度改变得多么迅速，一定会感到惊讶。

在这项工作中受过我训练的所有教师都乐在其中，无论如何也决不放弃它。它使得他们与学校工作的整个接触更加有趣，并增加了他们努力获得成功的机会。没有人觉得这是一种额外的负担，因为他们经常在半小时内就处理完困扰、纠缠他们多年的困难。整个学校的合作精神得到提升，经过一段时间之后，就不再出现严重的问题，只有一些小错误需要处理。教师自身就是真正的心理学家。他们学会了理解人格的整体性及其所有表达的一致性。如果在白天出现了任何问题，他们就可以自行处理。实际上，这正是我们的期望：如果所有老师都能受到训练，心理学家也就无关紧要了。

因此，例如，班上有了懒孩子，老师就应建议孩子开展一场关于懒惰的讨论。他以提问引导讨论："懒惰是怎么来的?""它的目的是什么?""为什么懒孩子不改变?"孩子们会积极发言，并得出一个结论。懒孩子自己并不知道，他就是讨论的出发点，但是问题出自他自

己，所以他会对此感兴趣，并从讨论中学到很多。如果他受到攻击，181
他就一无所获；但是如果他虚心倾听，他就会思考，从而也许会改变自己的看法。

没有人像和孩子一起生活、一起学习的老师那样了解孩子的心理。他看过很多种类型的孩子，如果他技巧娴熟，他就会与每个人建立关系。孩子在家庭生活中所犯的错误是会继续还是得到纠正，都取决于他。他像母亲一样，是人类未来的守护神，他所提供的服务不可估量。

第八章 青春期

182 论述青春期的书籍浩如烟海，几乎所有著作都将此问题论述为个体性格发展可能转变的一个危险时期。青春期存在许多危险，但它能改变性格并不正确。它给成长中的孩子带来新环境和新考验。他觉得自己正接近生活的前方。生活风格中至今未被观察到的错误可能会显示出来。然而，它们出现时，明察秋毫的眼睛总会注意到它们。现在它们变得很重要，不能被忽视了。

几乎对每一个孩子而言，青春期最重要的一件事就是：他必须证明自己不再乳臭未干。也许，我们可以说服他，他可以视之理所当然。如果我们能做到，大量的紧张就会从这个环境中消除掉。但是如果他觉得自己必须证明它，很自然他就会过分强调他的立场。青春期的许多表现都是渴望显示出独立、和成人平等、男子气概或者女子气质等的结果。这些表现的方向取决于孩子对“成长”所赋予的意义。如果成长意味着不受控制，那么孩子会抵抗各种限制。许多孩子在这个阶段开始抽烟、谩骂、彻夜不归。有些人对父母表示了出人意料的
183 反抗。这么顺从的孩子突然间变得不听话了，他们的父母对此困惑不解。这并不是真正的态度改变。表面上顺从的孩子总是反对父母。但只有现在，当他有更多自由和力量时，他才觉得有能力宣布他的敌意。一个总受父亲威吓的男孩，表面上显得安静、顺从，但却等待报

仇的机会。一旦他觉得自己足够强大，他就会向父亲挑战，鞭打他，然后离家出走。

绝大部分孩子在青春期都得到了更多的自由和独立。父母不再觉得他们一直有权监督、保护孩子。然而，如果父母想要继续监督，孩子就会做出更多避免控制的努力。他的父母越是努力证明他还是个孩子，他就越会反其道而行之。从这种斗争中会形成一种反抗的态度，然后我们就会得到“青春期叛逆”的典型图画。

我们无法对青春期进行严格的界定。它通常是从十四岁到二十岁；但有时孩子在十岁或者十一岁就已经进入了青春期。所有的身体器官都在这个时候发育生长，有时器官功能之间的合作不容易实现。孩子长得更高，手脚长得更大，也许它们还不够灵活。他们需要训练这种合作，但是如果在这个过程中，他们受到嘲笑和批评，他们就会逐渐认为自己笨手笨脚。如果孩子的行为受到嘲笑，他就会变得笨 184
拙。内分泌腺对孩子成长也有贡献，它们可以增强其功能。这不是一次完全的改变。内分泌腺即使在产前阶段也很活跃，但是现在它们的分泌物更多，第二性征也更明显。男孩开始长胡须，声音变得沙哑。女孩的体型逐渐丰满，女性气质更明显了。这些都是未成年人可能会误解的事实。

有时，对成年生活准备不足的孩子，在职业、社会生活以及社会、爱情和婚姻等问题迫近时，就会觉得自己陷入恐慌之中。他失去了有能力应对它们的所有希望。对于社会，他腼腆、冷淡；他孤立自己，待在家里。对于职业，他找不到吸引他的任何工作，认为自己一事无成。对于爱情和婚姻，他感到害羞，害怕遇到异性。假使异性和他说话，他就面红耳赤，找不到回答的话语。每天他都处在深深的绝望中。最终，他会被所有生活问题完全堵塞，没有人能再了解他。他不注意别人，不和他们说话，也不听他们的话。他不工作，也不学习。他总是沉浸在幻想中，只剩下一些低劣的性活动。这就是被称为早发性痴呆（dementia praecox）的精神错乱。但是这种精神错乱却是个错误。如果有可能鼓励这种孩子，证明他不在正确的道路上，给他指出更好的路，他就会痊愈。这并不容易，因为整个生活及其训练
185 都必须得到纠正。过去、现在和未来的意义都必须以科学的眼光审视，而非以个人的想法去理解。

青春期所有的危险都源于缺乏适当的训练和准备。如果孩子担心未来，他们很自然就会用毫不费力的方法试着处理它。然而，这些简单的方法都是没有用的方法。孩子越受到命令、劝告和批评，他就越觉得如临深渊。我们越把他往前推，他就越往后缩。除非我们真能帮助他，否则每一次努力都是个错误，都会伤他更厉害。然而，他是如此悲观和害怕，以致我们无法期望他会认为自己可以承担起额外的努力。

有些孩子希望在这个阶段仍然是孩子。他们甚至以婴儿的腔调说话，和比自己小的孩子玩，假装他们永远都很幼稚。绝大多数孩子都做出一些尝试，模仿成人的一举一动。如果他们没有真正的勇气，他们就会给出一副成人的怪样：他们模仿大人的姿态，喜欢自由自在地花钱，开始谈情说爱，并有种种风流韵事。在更多复杂的案例中，男孩还没有找到应对生活问题的方法，就保持某种程度的活动，于是他开始了犯罪生涯。这种情形尤其在如果他已犯过罪，而没有被发现，他就认为自己很聪明，从而得以逃脱时，最有可能发生。犯罪是逃避生活问题的捷径之一，特别是面对经济和生活问题时。因此，在十四
186 岁到二十岁之间，少年罪犯的数目会大大增加。在此，我们并不是面对一种全新的发展，而是更大的压力把童年时期模式中业已存在的弊端揭示出来。

如果活动的程度较小，那么逃避的简单方法就是神经症。许多孩子在这个年龄段开始患上官能症和神经衰弱症。每一种神经症的症状都为拒绝解决生活问题提供了合理的理由，而不用减少个人的优越

感。当个体遇到社会问题，而不准备以社会方法应对时，神经症的症状就出现了。在青春期，身体状况对这种紧张尤其敏感，所有器官都受到刺激，整个神经系统也受到影响。这种对器官的刺激会被再度当作犹豫和失败的借口。这种情形下的个体由于患病，而开始在私下里或者在别人面前，认为自己可以不负责任。这样神经症结构就形成了。每一个神经症患者都坦诚了最良好的意愿。他很了解社会情感和应对生活问题的必要性。只有在他的案例中，这种不同寻常的要求才有例外。他寻找的借口就是神经症本身。他的整个态度是："我急于解决所有问题，但遗憾的是我被阻止了。"在这一点上，他和罪犯不同，他对不良意图的承认通常很直接，他的社会情感也被隐藏和压制了。很难确定哪个人对人类幸福会造成更大的伤害，神经症患者的动机固然良好，但是与这些良好动机分离的行为似乎不怀好意、自高自 187
大，有意要妨碍同伴的合作。而罪犯，他的敌意更加直接，费尽心机去抑制他剩余的社会情感。

青春期的许多失败者都是娇生惯养的孩子。对习惯于事事都由父母张罗的孩子而言，成人负责任的方法对他们就是一种特别的压力，这一点很容易看清楚。他们依然希望得到宠爱，但是当他们长大后，他们发现自己已不再是关注的中心了。他们指责生活欺骗并辜负了他们。他们在人工温室里成长，而外面的空气异常寒冷。这时，我们会发现他明显在前进的道路上开倒车。绝大多被寄予厚望的孩子在学习和工作中开始失败。以前看起来天分不高的孩子开始超过他们，显现出毋庸置疑的能力。这和以前的历史并不矛盾。前途无量的孩子现在开始担心辜负别人对他的期望。一旦他得到了帮助和欣赏，他就努力前进。但是当要独自做出努力时，他的勇气就丧失了，他后退了。别人受到新自由的激励。他们在自己面前清楚地看到了实现雄心壮志的道路。他们满怀新思想和新计划。他们的创新生活得到强化，他们对人类所有活动方面的兴趣变得更鲜明、更热切。这些都是怀抱勇气的

孩子，对他们而言，独立并不是意味着困难和失败的危险，而是作出
188 成绩和贡献的更广阔机会。

从前觉得受到忽视和怠慢的孩子，也许由于现在和同伴联系更广泛，而怀有能找到被人欣赏的希望。他们中的许多人着迷于被别人欣赏。对一个男孩而言，如果他只寻求赞誉，那么这会非常危险；而女孩则常常缺乏自信，把别人的欣赏视为证明自身价值的唯一途径。这种女孩很容易成为知道如何逢迎她们的男人的囊中之物。我常常发现，觉得自己在家里不被欣赏的女孩开始有性行为，不仅是为了证明她们长大了，而且还因为她们希望以这种方式最终获得被欣赏并成为关注中心的位置。

让我举个例子：一个十五岁的女孩出身贫穷。她有个哥哥，在她童年时总是生病。母亲迫不得已花大量的精力关注他。女儿出生后，母亲无法给她太多照顾。此外，在她的童年早期，她的父亲也疾病缠身：他的疾病进一步减少了母亲照料她的时间。

因此这个女孩就会注意并知道什么是照料。她一直盼望着获得这种待遇，但是在家里并没有得到。妹妹出生了，这时父亲也病愈了，母亲得以抽身全心照料婴儿。结果，我们正谈到的这个女孩成了唯一
189 一个没有得到关爱和感情的孩子。她继续奋斗，在家里表现出色，在学校是最好的学生。由于她的成功，有人建议她应该继续学习；她被送进一所教师都不了解她的高中。她的学习开始掉队，老师批评她，她逐渐失去勇气。她太急于渴望别人的欣赏了。当她在家里和学校都得不到欣赏时，还剩下什么呢？

她到处寻找欣赏她的男人。几次尝试之后，她终于离家出走了，和一个男人待了两周。家里非常担心她，到处找她，于是我们可以预料将会发生什么情况。不久之后，她发现自己仍然得不到欣赏，开始后悔所做的事。自杀成了她的下一步思考。这个女孩给家里送了个便条：“不要担心。我已经服毒了。我很幸福。”实际上，她并没有服

毒，我们可以理解其目的。她的父母对她真的很关爱，她觉得自己可以引起他们的同情。结果是，她没有自杀，一直等到母亲来找她，把她带回家。如果这个女孩明白我们所知道的，她所有的努力都只是在朝着被人欣赏的方向发展，这些麻烦就不会出现了。如果高中的老师也了解到这一点，他就会阻止这些麻烦了。之前，女孩在学校的成绩一直都很出色。如果他观察到这个女孩在这一方面很敏感，需要更多精心关照，她的状况就不会令她灰心丧气了。

在另一个案例中，一个女孩出生在一个父母的个性都很柔弱的家 190
庭中。母亲总想要男孩，对这个女孩的到来很失望。她看扁了女性的作用，她的女儿一定感受到了这一点。她不止一次听到母亲跟父亲说："这个女孩一点都不引人注目。长大后，没人会喜欢她。""她长大了，我们该拿她怎么办呢?"在这种不利氛围中生活了十年之后，她在母亲那儿发现了一位朋友的一封信，信中安慰母亲已有了一个女孩，并说她还很年轻，还会有个儿子的。

我们可以想象这个女孩会作何感想。几个月后，她去乡下拜访了一位叔叔。她在那儿遇到了一个智商较低的男孩，并成了他的心上人。他甩掉了她，但是她继续一往情深。当我看到她时，她身边已聚集了一大群情人，但是她在恋爱中没有感觉到被人欣赏。她来我这里是因为她现在患上了焦虑性神经症，无法单独出门。当她对获得欣赏的一种方法失望时，就去尝试另一种方法。她开始以自己的痛苦和遭遇让家庭担心。除非她放弃悲观，否则所有人都无能为力。她哭泣着，威胁要自杀，闹腾整个家庭。我们很难让这个女孩看清自己的位置，并让她相信，自己在青春期过分重视寻找逃避不被欣赏的感觉了。

女孩和男孩都常常在青春期看重并且夸大两性的关系。他们想证 191
明自己长大了，然而却过犹不及。例如，假设一个女孩与母亲争斗，总认为自己受到压制，作为一种抗议，她就会不断和遇到的任何男人发生性关系。她不关心母亲知道与否；实际上，如果母亲担心她，她则非常高兴。因此我经常发现，一个女孩在和母亲或者与父亲争吵后，跑到街上，与她找到的第一个男人发生关系。这些女孩总被认为是很规矩，得到良好的培养，没有人希望她们会做出这种行为。我们可以理解，这些女孩并不真正有罪。她们做了不恰当的准备。她们觉得自己地位低下。这是她们认为可以获得更强大地位的唯一途径。

许多娇生惯养的女孩发现自己适应女性角色很难。我们的文化里总有男性优于女性的观念，结果是她们讨厌成为女性。现在，我们揭露了我所称的“男性抗议”。男性抗议可以在不同的行为变化中表现出来。有时我们只看到她们讨厌、逃避男性。有时她们虽然非常喜欢男性，却在他们面前害羞，无法和他们说话，不想参加他们在场的聚会，面对性问题时常常很不自在。她们常常强调，长大后渴望结婚，但却不与男性接触，不与他们建立友谊。有时我们发现对女性角色的
192 讨厌在青春期表现得更积极。女孩的一举一动会比以前更加男孩子气。她们希望模仿男孩，并发现，在他们的恶习，比如抽烟、酗酒、咒骂、拉帮结派以及显示性自由等方面，模仿男孩更加容易。

她们常常解释说，如果她们以另一种方式表现，男孩们就不会对她们感兴趣。只要对女性角色的讨厌进一步加深，我们就会发现同性恋或者其他性倒错以及卖淫行为。妓女从早期生活开始就已确信没有人喜欢她们。她们认为自己出身低微，永远无法获得任何男人的真正感情或者兴趣。我们可以理解，她们在这些环境中会多么容易自暴自弃，贬低她们的性别角色，把它只当作挣钱的工具。这种对女性角色的讨厌不是在青春期才出现的。我们总会发现，女孩在童年伊始便讨厌做女孩，但是她在童年时期却没有表达讨厌的同样需求或者机会。

不仅有“男性抗议”的女孩，而且所有高估男性重要性的孩子，都把男性化视为一种理想，并怀疑她们是否强大得足以实现它。这样，我们的文化中对男性化的强调对男孩和女孩都可能产生困难，尤

其是在他们不完全认同自己的性别角色时。许多孩子长到相当大的时候，仍将信将疑他们的性别迟早会发生改变。重要的是，从两岁开始，孩子就应确切知道他们是男孩还是女孩。外表娘娘腔的男孩常常 193
会度过一段特别艰难的时光。陌生人有时会搞错了他的性别。甚至家里的朋友也会对他说：“你真应该做个女孩。”这种孩子有可能会认为自己的外表有缺憾，并把爱情和婚姻看作对自己的一种严厉考验。认为对自身性别角色表现不充分的男孩，在青春期会有模仿女孩的倾向，变得柔声细语，染上娇生惯养女孩的不良习性，卖弄风情，搔首弄姿，大摆小姐脾气。

对异性态度的准备甚至在生命头四五年就已有其根源。性驱力在婴儿期的最初几周表现很明显；但是在它做出适当表现之前，却没有什么东西可以刺激它。如果它未得到刺激，它的表现就会很自然，我们也无须惊慌。例如，当我们看到婴儿头一年有局部刺激的某些迹象时，我们不应担心。但是我们应使用我们的影响力和孩子合作，使他少关注自身，多关注环境。如果这些对自身满足的尝试无法停止，那就是另一种情况了。我们认为孩子有自己的用意：他并不是性驱力的牺牲品，而是使用它来达到自己的目的。通常，小孩子的目标就是获得注意。他们觉得父母会害怕、恐惧，他们知道如何利用父母的感觉。如果他们的习惯再也达不到吸引注意的目的，他们就会放弃它们。

我曾经说过，孩子不应受到身体的刺激。父母通常很爱孩子，孩 194
子也很爱父母。为了加深对孩子的爱，他们总是搂抱他们，亲吻他们。他们知道这并不是正确的方法。他们不应该如此残忍。他们不应该刺激孩子的情感。孩子在心灵上也不应该受到刺激。孩子们常常告诉我，成年人在回忆童年时期也告诉我，当他们在父亲书房中发现一些轻浮的图画或者看到这些电影时所唤起的感觉。对他们而言，看到这些书或者这些电影，并不妥当。如果我们避免刺激孩子，就不会产生任何问题了。

我们已提到的另一种形式的刺激是，坚持给孩子提供不必要而且是不适宜的性知识。许多成年人似乎有一种灌输性知识的狂热，极度担心成长中未知的任何危险。假使我们回顾自己的过去和别人的历史，我们不会找到他们期望的这种灾难。最好等到孩子自身开始好奇，想有所了解时再告诉他们。如果父母感兴趣，他们就会了解孩子的好奇心，即便他不说出来。如果他觉得他们是同仁，他就会问他们，他们应以他能理解并吸收这些信息的方式回答。

父母们最好也应该避免彼此在孩子面前表现亲密举动。如果条件允许的话，孩子们就不应该和父母睡同一房间，应该独自睡一张床。他们最好也不要与姐姐或者哥哥睡在一个房间里。父母们必须留意孩
195 子的成长，不应掉以轻心。如果他们不知道孩子的追求和性格，他们就无法知道他们在什么地方或者以何种方式受到影响。

有一种几乎普遍的迷信看法认为，青春期是一个特别奇怪的时期。通常，人类发展的各个阶段都被赋予了一种夸大的个人意义，认为它们好像可以彻底改变。例如，绝大多人对待更年期的态度也是如此。然而，这些阶段并不会变化，它们只是生活的延续，它们的现象也不至关重要。至关重要的是个体在这一阶段的期待、他所赋予的意义以及他学会面对它的方法。人们常常惊异于青春期的到来，并表现得好像他们见到幽灵一般。如果我们正确了解这种情况，我们就会看到，除了社会情况要求他们的生活风格形成一种新的适应之外，孩子根本不会受到青春期这一事实的影响。然而，他们也常常认为，青春期意味着一切都结束了，他们所有的价值和尊严都丢失了。他们不再拥有合作和奉献的权利：没有人再需要他们了。青春期所有问题正是从这些感觉中发展出来的。

如果孩子学会把自己当作社会平等一员，了解自己奉献的工作，尤其是学会把异性看作同仁，青春期就会给予他一次开始创造性独立

解决成人生活问题的机会。如果他觉得自己低别人一等，如果他对环 196
境持有错误的观点，他在青春期就好像没有准备好迎接自由。假如有人总是迫使他做必须做的工作，他就能完成它。假使他独自一人完成，他就担心害怕，进而失败。这种孩子将会充分适应奴隶身份，但在自由里他却迷失了。

第九章 犯罪及其预防

197 我们开始通过个体心理学了解人类的各种类型。毕竟，人类相互之间的差异并不那么明显。我们在问题儿童、神经症患者、精神病患者、自杀者、酗酒者以及性倒错者身上发现了罪犯表现出的同一种失败。他们在处理生活问题上都失败了。在一个非常确定并且明显的点上，他们几乎以同一种方式失败。其中每个人在社会兴趣上都失败了。他们不关心同伴。然而，即便在此，我们也不能分辨出他们似乎与别人有矛盾。没有人可以作为完全合作或者具有完全社会情感的例子，罪犯的失败只是程度更严重的普遍失败而已。

要了解罪犯，另一点也很必要，即他们和其他人也没什么两样。我们都希望克服困难。我们都要努力，在未来达成目标，获得了它，我们就会觉得自身强大、优越以及完善。杜威教授把这种倾向称为对安全的追求，这非常正确。别人则称之为对自我保护的追求。但是，无论我们怎么称呼，我们总会在人类身上找到这条伟大的行动路线——从自卑到优越、从失败到胜利、从下到上的努力。这开始于童
198 年的最早时期，并延续至生命的结束。生活意味着继续生活在这个星球的表面上，越过障碍，克服困难。因此，当我们在罪犯中恰好发现同一种趋势时，我们不应奇怪。在罪犯所有的行为和态度中，都显示出他努力追求优越，解决问题，克服困难。将他区别开来的不是他在

这个方向上努力，而是他的努力采取的方向。一旦我们看到，它采取这个方向，是因为他不了解社会生活的需求，不关心同伴，我们就会发现他的行为相当不明智。

我想着重强调这一点，因为有人不以为然。他们认为罪犯是异常人，根本不像普通人。例如，一些科学家断言所有的罪犯都是低能儿。其他科学家则着重强调遗传，他们认为罪犯性本恶，不得不犯罪。然而，还有一些人坚持犯罪由环境决定，不可改变。如今，大量的证据反对所有这些观点。我们也应该意识到，如果我们接受了这些观点，我们就被夺走处理犯罪问题的希望。我们想在自己的生活中消除这种人类灾难。我们从整个历史中了解到，犯罪始终是个灾难，但是现在我们渴望处理它。我们绝不可能甘心搁置这个问题，而说："这都是遗传的缘故，我们无能为力。"

无论是环境还是遗传都没有强制力。同一家庭以及同一环境中的 199
孩子们以不同的方式成长。有时一个罪犯来自清白的家庭。有时在经常有人蹲监狱和进管教所的家庭中，我们也会发现品行良好的孩子。一些罪犯在后来的生活中痛改前非，这种情形也会发生；研究犯罪的心理学家常常不解一个窃贼在三十岁以后如何能改邪归正，重新做人。如果犯罪是先天的不足，或者如果由环境不可更改地铸成，那么这个事实便相当难以理解。然而，从我们的角度来看，我们可以很好地理解它。也许，个体身处一个更有利的位置。它对他要求甚少，他生活风格中的错误不再出现在表面。也许，他已得到他想要的东西。也许，他最终长大、长胖了，不适合犯罪生涯了：关节僵硬，不能行动自如，盗窃行径对他已十分困难了。

在我进一步探讨之前，我想排除罪犯是精神病患者的观点。虽然有许多犯罪的精神病患者，但是他们的罪行却是一种截然不同的类型。我们无法让他们承担责任：他们的罪行是完全不了解犯罪以及用错误方法对待犯罪的结果。我们同样排除了低能儿的罪犯，他们其实只是一种工具而已。真正的罪犯是那些蓄意谋划犯罪的人。他们描绘出五光十色的美景，他们激起低能儿的幻想或者野心。然后，他们就隐藏自己，让他们的牺牲品去犯罪，冒惩罚的危险。当
200 然，年纪稍轻的人被年纪稍长、经验丰富的罪犯利用时，同样的事情也会发生。正是经验丰富的罪犯谋划了犯罪行径，青少年被这些实施者引诱入道。

现在让我们回到我曾提及的伟大的行动路线：每个罪犯——以及其他每个人——正努力沿着这条路线获得胜利，到达最终位置。在这些目标中有许多差异和变化；我们发现罪犯的目标总是以个人的方式追求优越感。他所追求的对别人没有任何贡献。他不具有合作性。社会需要成员，我们都需要彼此，需要一种共同的有用性以及一种合作的能力。罪犯的目标不包括对社会的这种有用性，这就是每个罪犯生涯真正重要的方面。我们将会在后面看到这是怎么来的。如果我们想了解一名罪犯，那么要找到的关键之处便是他在合作中失败的程度和本质。罪犯们在合作能力上有所差异：其中有些人缺乏得稍微轻些，有些人则缺乏很严重。例如，一些人限制自己犯小罪，不超过这些限制。其他人则偏爱重罪。一些人是主谋，其他人是从犯。为了理解罪犯生涯的种种变化，我们必须进一步考察个体的生活风格。

个体典型的生活风格在很早便已建立；我们可以在四五岁时发现其主要特征。因此，我们不能认为要改变它是件容易的事。它是一个人自己的人格，只有了解他在建立它时所犯的错误，才能把它改变过来。因此，我们开始看到，虽然许多罪犯已多次受罚，常常受到侮辱
201 和歧视，并被夺去了社会生活提供的每一项利益，但他们仍然不改邪归正，三番四次犯下同样的罪行。强迫他们犯罪的并不是经济困难。当然，时世维艰，人们负担加重，犯罪也会增加。有关统计表明，犯罪数量的增加有时与小麦价格的上涨有关。然而，这不表明经济形势导致犯罪。这更多表明：许多人在行为中受到限制。他们合作的能力

有种种限制，当达到这些限制时，他们就不再奉献了。他们失去了最后残存的合作，进而依赖犯罪。我们从其他事实中也发现，许多身处有利位置的人都不是罪犯，但是如果他们没有准备好应对出现的问题，他们就会走向犯罪。这最重要的就是生活风格，也就是处理问题的方法。

从个体心理学的所有这些经验中，我们最终可以把一个非常简单的要点解释清楚。一名罪犯对别人并不感兴趣。他只在一定程度上合作。当这个程度耗尽时，他就开始犯罪。当问题对他而言太复杂时，这种耗竭就出现了。思考我们所有人都要面对的生活问题，以及罪犯无法成功解决的问题是很有意义的。结果就会出现，在我们的生活中只有社会问题而没有其他问题的情况；这些问题只有在对别人感兴趣时才能解决。

个体心理学教导我们把生活问题分为三大类。第一类是与别人的 202
关系问题，也就是友谊问题。罪犯有时也有朋友，但只是他们这一类型的。他们组成团伙，甚至互表忠心。但是我们在此也直接看到，他们是如何缩小自己的活动范围的。他们不会和社会上的普通人交朋友。他们认为自己是流犯，不知道如何与同伴自然相处。

第二类问题包括与职业相关的所有问题。如果问罪犯这些问题，那么他们中的许多人都会回答："你不了解可怕的工作环境。"他们发觉工作很可怕；他们不愿像其他人一样，与这些困难作斗争。有用的职业暗含了对其他人的兴趣，以及对他们的幸福有所奉献；但这正是罪犯的人格中所缺少的东西。这种合作精神的缺乏很早就已出现，因此绝大多罪犯都未准备好应对职业问题。绝大多数罪犯都是未受过训练、没有技能的工人。如果你追溯他们的历史，你就会发现他们在上学时，甚至上学前就已出现了阻碍，也没有了兴趣。他们从不学习合作。现在必须教会、训练他们合作。因此，如果他们面对职业问题时失败了，我们就不能认为他们有罪。我们应该把他看作没有学过地理的人进行地理测试一样，他要么给出错误答案，要么交出白卷。

203 第三类问题包括所有爱情的问题。幸福美满的爱情生活同样需要对方的兴趣和合作。颇有启示意义的观察是，被送进管教所的罪犯有半数在入所之前都患有性病。这个现象表明，他们想轻而易举解决爱情问题。他们认为爱情伴侣只是一部分财产。我们也常发现他们认为爱情可以购买。对这种人而言，性生活只是征服和占有；它是他们应该占有的某些东西，而不是生活中的同伴关系。“如果我得不到想要的所有东西，”许多罪犯说，“那生活还有什么用呢?”

现在我们可以看到，我们应该开始从哪里治疗罪犯。我们必须训练他们学会合作。如果我们只在管教所里鞭打他们，则无济于事。释放他们会危害社会，在现今的条件下这一点无法商讨。社会必须免遭罪犯的危害，但这根本不可能。我们也必定会认为：“他们未对社会生活做好准备；我们该怎么对待他们呢?”在所有生活问题中，对合作的这种缺乏不是小缺陷。在每一天里，我们时时刻刻都需要合作。我们合作能力的程度通过我们观看、讲话和聆听的方式表现出来。如果我的观察正确，那么罪犯观看、讲话和聆听的方式是和别人不一样的。他们有不同的语言。我们可以理解为，他们的智力发展受到这种差异的阻碍。当我们讲话时，我们想要每个人都理解我们。理解本身就是一种社会因素。我们赋予词语一种共同解释，我们以别人可能理
204 解的同样方式来理解。罪犯在这方面很不同：他们有个人的逻辑、个人的智慧。在他们解释自己犯罪的方式中，我们可观察出这一点。他们不笨，也不是低能儿。如果我们承认了他们虚构的个人优越感目标，那么他们的结论多半非常正确。罪犯会说：“我看一个人穿着漂亮的裤子，但我却没有，因此我想杀死他们。”假如现在我们承认他的欲望很重要，不要求他以有用的方式谋生，他的结论就非常明智；但这不是常识。近来在匈牙利有过一则刑事案件。几个妇人用毒药犯了几宗谋杀案。其中一人被押送到监狱时说：“我的孩子游手好闲，

他生病了，我只好毒死他。”如果她拒绝合作，那么她还能做什么呢？她很聪明，但是却以不同的方式看待事情，有不同寻常的统觉图式。于是我们就会明白：为何罪犯一看到吸引人的东西，并想轻易得到它们的时候，他们就决定自己必须从根本不感兴趣的敌对世界拿走它们。他们对这个世界抱有错误的看法，对自身的意义以及别人的意义持有错误的判断。

但在考虑他们所缺乏的合作时，这一点并不最值得注意。所有的罪犯都是懦夫。他们逃避自己觉得不足以解决的问题。除了犯罪之外，我们可以在他们面对生活的方式中看到他们的怯懦。我们也在他们所犯的罪行里看到他们的怯懦。他们以隐藏和隔绝来保护自己。他们惊吓某个人，在这个人保护自己之前亮出他们的武器。罪犯认为他们很勇敢；但是我们不应以同样的方式被愚弄。犯罪是对英雄主义的 205
懦弱模仿。他们在追求个人优越的虚构目标，自认为是英雄，但这又是一个错误的统觉图式，一种失败的常识。我们知道他们是懦夫，如果他们认为我们知道这一点的话，他们就会非常吃惊。这会增加他们的虚荣心和骄傲感，并认为自己打败了警察。他们常常会认为：“我从未被察觉到。”遗憾的是，我认为对每个罪犯的职业进行仔细研究都会揭露出，他曾犯过罪而未被察觉；这个事实非常让人讨厌。当他们被发现时，他们会认为：“这次我不够聪明，下次我就会吃一堑长一智。”假如他们侥幸逃脱，他们就觉得自己实现了目标；他们感觉到了优越，得到同党的羡慕和欣赏。

我们必须打破这种对罪犯的勇气和聪明的通常判断。但是我们在什么地方打破呢？我们可以在家里、在学校里以及在管教所里实行。稍后，我会描述攻击的要点，现在我想进一步探讨可能造成合作失败的环境。有时我们必须把责任推卸给父母。也许母亲技巧不够，不会引导孩子与自己合作。她或许认为没有人帮得上她，或者她不会与自己合作。我们很容易在不幸或者破裂的婚姻中看到，合作精神未得到

适当的培育。孩子最初与母亲联系，也许母亲不想将孩子的社会兴趣
206 扩大到父亲、其他孩子或者成年人身上。此外，这个孩子可能会觉得自己是家里的小霸王。当他三四岁时，另一个孩子出生了，他遭受到了挫败，被驱逐出了自己的位置。他拒绝与母亲或者幼小的孩子合作。这些都是值得考虑的种种因素。如果你追溯罪犯的生活，你通常会发现这种问题始于其家庭早期经验。这并不是可计算在内的环境本身的缘故，而是孩子误解了位置，没有人给他做出解释。

如果家中有个孩子特别聪明或者天赋异常，这对其他孩子来说就是件难堪的事。这种孩子得到了最多关照，而别人受到挫败，灰心丧气。他们不会合作，因为想竞争，但又没有足够的信心。我们常常看到孩子们不快乐地成长，他们就这样被别人超越，没有机会展现自己如何运用自身的才能。在他们中间，我们会发现罪犯、神经症患者或者自杀者。

当一名缺乏合作的孩子第一天上学时，我们就可以在其行为中发现这一点。他不和其他孩子交朋友。他不喜欢老师，注意力分散，上课不听讲。如果老师不了解他，他就会遇到新挫折。他受到冷嘲热讽，而不是给予鼓励和教会合作。难怪他发觉课程更不合口味。如果他在勇气和自信方面总遇到新挫折，他对学校生活就不会感兴趣。你
207 常常会在罪犯的生涯中发现，他十三岁时还在读四年级，因为愚笨而受到指责。因此，他以后的整个生活也将遭受危险。他对别人越来越多的兴趣逐渐丧失，他的目标越来越没有用。

贫穷也提供了误解生活的机会。贫穷家庭的孩子可能会在外面遇到社会偏见。他的家庭遭受了许多损失，有许多艰难困苦。也许他自己很早就得挣钱，帮助父母摆脱困难。后来，他碰到过着生活安逸的富人，他们可以买任何想要的东西。他觉得，他们不比自己有更多放纵的权利。于是我们就不难理解，大城市里罪犯的数目为何如此之大，贫富两极分化为何如此明显。无用的目标一度源于嫉妒，但是这

些环境中的孩子可能会容易产生误解，认为追求优越感的方式就是不劳而获地到得到金钱。

自卑感也会被一种器官缺陷所围绕，这是我的发现之一。我在神经病学和精神病学中遗传理论的开辟工作方面有点遗憾，但是，当我最初开始写器官自卑及其心理补偿机制时，我就意识到了这个危险。要受指责的不是身体，而是我们的教育方法。如果我们运用了正确的方法，有身体缺陷的孩子对自己和别人就都会有兴趣。如果没有人帮
助因缺陷器官而烦恼的孩子发展对别人的兴趣，他就只能对自己感兴 208
趣。有许多人患有内分泌缺陷，但我想澄清，我们永远无法彻底说清内分泌腺的正常作用应该是什么。我们内分泌腺的作用多种多样，且不损及人格。因此，这个因素必须排除在外，尤其是如果我们想寻找方法，使这些孩子成为好同伴，对别人产生合作的兴趣，那么更应如此。

在罪犯当中，有一大部分是孤儿。在我看来，我们没有在这些孤儿之间建立起合作精神，这对我们的文化是一种耻辱。有许多私生子与此类似——没有人站出来，赢得他们的情感，将它转移到他们的同伴中。被遗弃的儿童常常走上犯罪之路，尤其是当他们知道并觉得没有人需要他们时。在这些罪犯中，我们也经常发现其貌不扬之人，这个事实已被用来作为遗传重要性的证据。但是想一想：其貌不扬之人会有什么感受！他处在非常不利的情形下。也许他是混血儿，没有吸引人的外表，或者遭受社会偏见。如果这种孩子相貌丑陋，他的整个生活就会背负重担：他没有我们所喜欢的东西——童年的魅力和新奇。但是，如果这些儿童得到正确对待，他们就会形成社会兴趣。

此外，颇有趣味的观察是，我们有时也会在罪犯中发现长相俊俏的男孩和男人。第一种类型可能被认为是不良遗传特质的牺牲品，天
生患有身体缺陷，比如畸形手或者兔唇等，但对这些英俊的罪犯，我 209
们又能说些什么呢？事实上，他们也是在很难形成社会兴趣的环境中

长大的，他们是受宠的孩子。你会发现，罪犯可以分为两类。有一类罪犯不知道这世界上还有同伴感，也从没体验过。这种罪犯对别人怀有敌意；他的外表充满敌意，他把每个人都视为敌人。另一种类型是受宠的孩子。我常常在罪犯的抱怨中注意到他们声称："我犯罪的理由是母亲太宠爱我了。"我们应该在这一方面多探讨一点；但是我在此谈及，只是想从不同角度强调，罪犯未得到训练，也未学会合作的正确程度。父母们可能想使孩子成为良好的同伴，但是他们不知道如何去做。如果父母既专制又严厉，孩子们就不会有成功的机会。如果父母宠爱孩子，让他成为舞台的中心，那么他就会只因自身的存在，考虑自己的重要性，而不做出任何创造性的努力，来赢得同伴的良好评价。因此，这种孩子失去了奋斗的能力，他们总想获得父母的注意，期待些什么。如果他们没有找到使其满意的简单方法，他们就会借此指责环境。

现在让我们转到几个案例上面来，看看是否能发现这些方面，尽管这些案例不是为这个目的而写的。我要举出的第一个案例来源于谢尔顿·格鲁克（Sheldon Glueck）和埃莉诺·格鲁克（Eleanor T. Glueck）合著的《五百种犯罪生涯》（*500 Criminals Careers*）一书中"毒手神探约翰"（Hard-boiled John）的个案。这个男孩解释了其犯罪生涯的起源：

210 "我从没想过我会自甘堕落。一直到十五或者十六岁时，我和其他孩子都别无二致。我喜欢运动，也参加活动。我也阅读图书馆的书籍，保持良好的生活节奏等等。父母带我离开学校，要我工作，拿走所有工资，每周只给五角钱。"

他在此提出控诉。如果我们就他与父母的关系怀疑他，如果我们能看到他的整个家庭环境，我们就会发现他所真正体验到的。现在，我们只能断定，他的父母不会合作。

"我工作了近一年，开始和一个女孩相处，她喜欢玩乐。"

我们常常在罪犯的生涯中发现这一点：他们将自己依附在想玩乐的女孩身上。回想我们之前所提到的——这是个问题，它测验了合作的程度。他与想玩乐的女孩相处，而每周只有五角钱。我们不应该认为这是爱情问题的正确解决之道。比如，还有其他女孩。他没有找对人。在这些情形下，我会说：“如果她生性喜欢玩乐，她就不适合我。”这些就是对生活中最重要事物的不同评估。

“我在那些日子里无法给予一个女孩快乐的时光，甚至一周只有五角钱。老头子不会给我更多钱。我很难过，心里想着：我怎样才能多挣钱呢?”

常识会说：“也许你可以四处寻找，多挣钱。”但是他却想不劳而获，他想找个女孩子，就是为了自己快乐，而没有别的。

“某天来了个家伙，我跟他混熟了。” 211

一个陌生人出现了，这对他又是一个考验。有真正合作能力的男孩是不会受到引诱的。但这个男孩正处在有可能受到引诱的道路上。

“他是个可靠的人（也就是说，是个老手，聪明能干，与你分享，且不会害你）。我们干了几宗，就脱手了。自此之后，我就精于此道了。”

我们听说他的父母有自己的房子。父亲是一家工厂里的领班，只有周末家里才能聚会。这个男孩是三个孩子中的一个；在他行为不轨之前，家里没有哪个人行为不良。我很想知道主张遗传的科学家如何解释这个案例。他承认在十五岁时初尝鱼水之欢。我相信有些人会说他纵情声色。但是这个男孩对别人没有兴趣，只想快活。任何人都能纵情声色。在这一点上没有任何困难。他正在这方面寻求欣赏——他想成为性英雄。他在十六岁时和一个同伙因为闯入民宅盗窃而被捕。其他方面的兴趣也随之证实了我们所说的。他想成为外貌上的征服者，吸引女孩的注意，通过为她们付钱来赢得她们的芳心。他头上戴着一顶宽边沿的帽子，脖子上系着红色班丹纳印花手帕（bandanna

handkerchief)，皮带上插着一支左轮手枪。他还取了个“西部歹徒”的名字。他是个虚荣心很强的孩子：他想表现出英雄的风采，但又没
212 有其他方法。他承认被控诉的所有行径，还说“还有其他更多”。他毫不顾忌别人的财产权利。

“我不知道生活还有什么价值。通常就人性而言，除了极度蔑视之外，我一无所有。”

所有这些意识思维其实都是潜意识。他不了解它们，他不知道它们前后连贯起来的意义。他觉得生活就是个负担，但是他不知道他为何失去信心。

“我已学会不信任别人。人们认为小偷不会相互信任，但是他们会这样做。我曾经有个同伙，待他真诚，但他却伤害了我。”

“如果我有了想要的所有钱，我就会和任何人一样诚实。也就是说，如果我有足够的钱，我就会做我想做的，而不工作。我一点也不喜欢工作。我讨厌它，绝不会工作。”

我们可以把最后一点解释为：“压抑该对我的生涯负责。我被迫压制自己的希望，因此我成了罪犯。”这一点，值得深思。

“我从没有为了犯罪而犯罪。当然，有时突然兴起，开车到某个地方，干完后，逃之夭夭。”

他认为这是英雄主义，而不是胆小怯懦。

“有次我被逮住了，之前我就拥有价值 14 000 美元的珠宝了，但是我不知道有任何比去见女友更快乐的事，于是就换了够我用的现金去见她，他们抓住了我。”

213 这些人为他们的女友花钱，获得轻而易举的胜利。但是他们认为这是真正的胜利。

“监狱里有各种学校。我将要接受能得到的各种教育，不是改过自新，而是让自己对社会更具危险。”

这是对人类非常仇恨的态度的表达。但是他不需要人类。他说：

“如果我有了儿子，那么我会扭断他的脖子。你认为我会犯这种罪，把一个人带到这个世界吗?”

现在我们该如何改造这个人呢?除了提高他的合作能力，向他表明他对生活评价的错误所在之外，别无他法。我们只有在追溯到他童年最早的误解时，才能说服他。我不清楚这个案例情形如何。这里所描述的不是我认为的重点。童年时期所发生的一些事使他成为了人类的敌人。如果我不得不猜想的话，那么我会认为他是长子。起初非常受宠，作为长子通常都如此。后来，他认为被赶离了王座，是因为另一个孩子出生了。如果我的猜想正确，你就会发现和这种情形一般大小的事情都会阻碍合作的发展。

约翰后来又提到，他被送到职业学校（industrial school）后受到粗暴对待，他带着对社会的强烈憎恨，离开了学校。我必须就这一点说几句。从心理学家的角度来看，监狱里的所有粗暴对待都是一种挑衅。这是对力量的考验。同样，当罪犯不断听到：“我们必须对这波犯罪潮流做个了结。”他们认为这是一种挑战。他们想成为英雄， 214
他们乐于接受这种挑战。他们认为这是种竞赛：他们觉得社会在向他们发出挑战，要继续坚持下去。如果一个人认为他正与整个世界斗争，那么什么事比受到挑战更能激起他反击呢?在问题儿童的教育中，挑战他们也是最大错误之一：“我们会看到谁更强大！我们会看到谁能坚持最久!”这些孩子像罪犯一样，沉迷于要成为强者的想法里；他们知道，如果自己足够聪明，就会侥幸成功。在管教所里，他们有时也挑战罪犯；这是一种非常有害的政策。

现在让我给你看看一名谋杀犯的日记，他因为这项罪名被处以绞刑。他残忍地杀害了两个人，在他行动之前就已写下了企图。这给了我机会来描述罪犯心中实行的这种计划。没有人不计划一下就去犯罪；在计划实行中，总有付诸行动的合理理由。在所有这种自白的作品中，我没有在哪个案例中发现犯罪被描述得完全简单明了，也没有发现罪犯不努力为自己辩护。我们在此看到社会情感的重要性。甚至是罪犯都必须尽力使自己与社会情感相符。同时他必须在犯罪之前，准备好扼杀自己的社会情感，突破社会情感这道墙。在陀思妥耶夫斯基的小说中，拉斯柯尔尼科夫躺在床上两个月，考虑着他是否会犯
215 罪。他用这个想法鼓动自己：“我是拿破仑，还是寄生虫?”罪犯欺骗自己，用这种想法刺激自己。事实上，每个罪犯都知道他不处于生活有用的一面。他很清楚生活有用的一面是什么。然而，由于胆小懦弱，他拒绝了它。他之所以懦弱是因为他没有能力变得有用：问题是需要合作的，而他在合作方面未受过训练。在以后的生活中，罪犯想从负担中解放自己。正如我们所知，他们想为自己辩护，并寻找借口——“他生病了，游手好闲”诸如此类的。

下面是这篇日记的部分摘录：

“家人与我脱离关系，我讨人厌，惹人烦（他显然很爱面子），我的巨大不幸几乎要毁灭我。没有什么让我念念不忘。我觉得我不能再忍受了。我可能甘心于被抛弃的环境；但是我的胃，我的胃不会言听计从。”

他编造了解脱之辞。

“有人预言我会死在绞刑架上；但是话又说回来，饿死和绞死又有什么区别呢?”

在一个案例中，有个孩子的母亲预言说：“我认为你有一天会勒死我。”他十七岁时勒死了他的阿姨。预言和挑战以同样的方式起作用。

“我不关心结果。我无论如何都会死。我什么都不是，没有人与我有关。我想要的女孩回避我。”

216 他想吸引这个女孩，但是他没有像样的衣服，也没有钱。他把女孩视为一部分财产。这是他对爱情和婚姻问题的解决方法。

“事实都是一样的。我将自我拯救或者自取灭亡。”

我会在此处说明，虽然我想有更多解释的空间，但是这些人都喜欢激烈的矛盾或者对立。他们就像儿童，非此即彼：“饥饿或者绞刑架”，“拯救或者灭亡”。

“一切都为周四计划着。牺牲品已选好。我在等待机会。当机会到来时，它将是没人能做的了的事。”

他就是自己心目中的英雄：“让人胆战心惊，这不是每个人都能做到的。”他带着一把刀，无意中杀死了一个男人。这不是每个人都能做到的。

“正如牧羊人驱赶羊群一样，胃也驱使人们做最黑暗的勾当。可能我看不到明天了，但是我不在乎。最糟糕的事便是受到饥饿的折磨。我已受尽不治之症的痛苦。当他们审判我时，最后的烦恼就来了。一个人必须为他的罪行付出代价，但是死亡比挨饿更好。如果我饿死了，没有人会注意到我。但是现在有多少人会在那儿！也许有些人会为我感到难过。我已下定决心，我将会这么做。没有人曾像我今晚这样担惊受怕过。”

因此，他终究不是自己要成为的那种英雄。在审问时，他说：
“虽然我没有击中要害，但我还是犯了谋杀罪。我知道我注定是个刽 217
子手。人们都有如此华美的衣裳，而我永远不会有像他们那样的衣服。”他不再认为胃是其理由了；现在衣服成了固定的想法。“我不知道我在做什么。”他辩护道。不管怎样你总会发现这一点。有时罪犯在犯罪前饮酒是为了不承担责任。所有这些都证明了他们要如何努力才能突破社会兴趣这面墙。在对罪犯生涯的每种描述中，我认为我都能指出我曾说过的所有方面。

现在我们要面临真正的问题了，我们该怎么办呢？如果我是正确的，那么我们总会在罪犯的生涯中发现，缺乏社会兴趣、未受过合作训练的个体追求虚构的个人优越感。我们又该怎么做呢？对待罪犯就如同神经症患者一样，除了成功赢得他的合作之外，我们别无他法。

我不能过分强调这一点：如果我们能使罪犯对人类的幸福产生兴趣，如果我们能使他对别人产生兴趣，如果我们能训练他合作，如果我们能使他以合作的方式走上解决问题的道路的话，那么一切都有保障了。如果我们不能做到这一点，我们就什么也做不了。这项任务并非看起来那么简单。我们不能通过使事情简单化的方式来争取他，更不能使事情复杂化。我们不能通过指出他的错误以及和他争论来争取他。他的心理已构建好。他以这种方式看待世界许多年。如果我们要改变他，我们就必须找到他的模式的根源。我们必须找到失败最初发
218 生在哪里，以及导致失败的环境。他人格的主要特征在四五岁时就已经确定了：他在这时犯了对自我和世界评估的错误，我们看到这些错误出现在他的犯罪生涯中。我们必须了解并纠正这些原始的错误。我们必须寻找他态度最初形成的情形。

之后，他把经历过的一切都转变为对态度的辩护。如果他的经历不适合他的计划，他就会冥思苦想，塑造它们，直到经受得起检验。如果有个人持有这样的态度，“别人虐待我，羞辱我”，他就会寻找大量证实自己的证据。他会寻找这种证据，其他方面的证据则不会被注意到。罪犯只对自己和自己的观点感兴趣。他有自己观看和聆听的方式，我们常常看到，他对与自己生活解释不一致的事不予关注。因此，除了我们能识破他所有的解释，以及对自身观点的各种训练，并发现他的态度最初开始的方式之外，我们无法说服他。

这是身体惩罚无效的原因之一。罪犯视之为社会具有敌意且无法合作的一种证明。也许，他可能会在学校遇到类似的事情。他未受过合作的训练，因此他成绩很差，或者在班上品行不端。他受到责骂和惩罚。现在要鼓励他合作吗？他只觉得环境更令人失望。他觉得人们都在和他对着干。有什么人会在我们期望受到责骂和惩罚的地方培养
219 爱好呢？这个孩子失去了他剩下的信心。他对学校的功课、对老师、对同学都不感兴趣。他开始逃学，把自己藏到不被发现的地方。在这

些地方，他发现了其他有着同样经验、走同样道路的孩子。他们理解他，他们不责骂他。相反，他们奉承他，点燃他的志向，让他把希望寄托在生活无用的一面。当然，因为他对生活的社会要求没有兴趣，他把他们视为朋友，通常把社会当作敌人。这些人喜欢他，他在他们中间感觉更好。成百上千的孩子正是以这种方式加入了犯罪团伙。如果在以后的生活中，我们以同样的方式对待他们，他们就会找到新的证据，以证明我们是他们的敌人，只有罪犯才是他们的朋友。

这种孩子为何被生活的任务打败，这其实毫无原因可言。我们绝不应让他失去希望，如果我们管理好学校，这样这种孩子就会得到信心和勇气，我们就可以非常容易地阻止这一点。后面，我们将更充分地讨论这个建议：我们现在运用这个例子来说明，一个罪犯如何把惩罚只解释为社会反对他的一种象征，因为他总是这么认为。

由于其他原因，身体惩罚也不起作用。许多罪犯不珍惜他们的生命。其中一些人在生命的某个时刻徘徊在自杀边缘。身体惩罚吓不住他们。他们沉迷于战胜警察的渴望里，以至于这伤害不了他们。这是对他们视作挑战之物的部分反映。如果狱吏严苛，或者如果他们受到严厉对待，他们就被激起勇气负隅顽抗。这再次增加了他们想比警察 220
更聪明的感觉。正如我们已看到的，他们以这种方式解释每件事。他把与社会的联系视为一种持续的冲突，努力在其中获得胜利。如果我们以同样的方式接受它，那么我们只会正中其下怀。甚至电椅在这个意义上都可以作为一种挑战。罪犯认为自己在赌博，罚金越高，他渴望表现过人之处就越强烈。我们很容易证实，许多罪犯只以这种方式考虑他们的犯罪行径。被判处电刑的罪犯常常会花时间思考他如何逃避侦查："要是我背后有双眼睛该多好啊！"

我们唯一的治疗方法就是，寻找罪犯在儿童时期所遭受的对合作的阻碍。个体心理学在此为我们开辟了整片黑暗之地。我们可以看得更清楚。到五岁时，孩子的心理就是一个整体：其人格的路线已汇聚在一起。遗传和环境对他的发展起到了某种作用，但是我们不太关心孩子给世界带来了什么，或者他经受了什么体验，我们关注他使用它们的方式，他如何充分利用它们，他获得了什么。因为我们对遗传的能力和无能一无所知，所以我们了解这一点更有必要。我们要思考的就是他所处环境的各种可能性，以及他充分利用它们的程度。

对所有罪犯而言，可使罪行减轻的情况就是，他们具有某种程度
221 的合作，但是这却不足以满足社会生活的要求。在这一点上，最初的责任就取决于母亲。她必须了解如何扩大这种兴趣，如何扩大她自身的兴趣，直至变成对别人的兴趣。她必须以这种方式表现，即孩子要对整个人类以及他整个未来的生活感兴趣。但是，也许母亲不想让孩子对其他任何人感兴趣。也许她的婚姻不幸福，双方父母不同意，他们正在考虑离婚，或者他们相互猜疑。因此，也许母亲希望孩子守在自己身旁，宠着他，惯着他，让他依赖自己。很明显，合作的发展在这种情形下是多么有限。

对其他孩子的兴趣，对于社会兴趣的发展也很重要。有时，如果一个孩子是母亲的宠儿，其他孩子就不十分愿意和他交朋友。当这种情形被误解时，它就可以作为罪犯生涯的开端。如果家中有个孩子天赋异常，他前后的孩子就经常是问题儿童。例如，次子更亲切、更可爱，他的哥哥觉得爱被夺走了。对这种孩子而言，他会很容易用自己受忽略的感觉来欺骗、麻醉自己。他寻找证据来证实他的指责是正确的。他的行为变得更差；他受到更为严厉的对待；他为自己的信念找
222 到了证据，他受到阻碍，被安排在后座。因为他觉得受到剥削，他开始偷窃，但被发现了，并受到惩罚。现在他更加证实了，他没有得到关爱，别人都是他的敌人。

当父母在孩子面前抱怨糟糕的时代和环境时，他们可能阻碍了孩子对社会兴趣的发展。如果他总是控诉他的家人和邻居，总是批评别人，表现出反感和偏见，就可能发生同样的事情。如果孩子长大了，

对他们的同伴是什么样的人持有歪曲的看法，我们就不应感到奇怪；如果他们最后也和父母作对，那么我们也不要惊讶。不论社会兴趣在哪里受到阻碍，都只剩下自私的态度。孩子觉得："为什么我就要为别人做事呢?"因为他不能在心里解决生活问题，他犹豫不决，寻找借口和脱身之法。他发现与它斗争太困难了，如果他伤害了别人，他就毫不关心。这就是冲突，在战争中一切都很公平。

让我举几个例子，你从中可以追溯罪犯类型的发展。在一个家庭中，次子是个问题儿童。就我们可以看到的范围，他非常健康，没有任何遗传的缺陷。长子是宠儿，年幼的弟弟总是努力在成就方面追赶他，就如同他在竞赛，努力打败领跑者一样。他的社会兴趣没有得到发展——他非常依赖母亲，他想得到所能从她那得到的一切。努力与哥哥竞争是项艰巨的任务，他的哥哥在班上名列前茅，他自己则名落孙山。他对控制和支配的渴望得到非常清晰的体现。他习惯向家里的 223
老佣人发号施令，让她围着房间团团转，像士兵一样训练她。佣人喜欢他，即使在他二十岁时，佣人也让他扮演将军。他总为要完成的事过分担忧，但同时他又从未完成任何事。当他身处困境时，总向母亲要钱，虽然他为自己的行为受到责骂和批评。突然他结婚了，增添了各种困难。然而，他所关心的是要在他哥哥之前结婚。他认为这是巨大的胜利。这是他对自身评价实际上非常低的证据——他想在这种荒谬的事情中成为征服者。他根本没有准备好结婚，他和妻子总是争吵。当母亲不再像以前一样给他提供帮助时，他订购了钢琴，卖掉了它们，却没有付款。这就是将他关进监狱的事因。在这段历史中，我们可以观察到他以后的生涯在童年早期的根源。他在哥哥的阴影中长大，像一棵小树被大树遮住阳光一样。他得到这种印象，与和善的哥哥相比，他受到忽视和怠慢。

我要举的另一个例子是，一个雄心勃勃、受到父母宠爱的十二岁女孩。她有个自己非常嫉妒的妹妹，她的竞争表现在家中和学校里。

她总是努力寻找妹妹得宠、得到更多糖果或者钱的例子。一天，她偷了同学口袋里的钱，被发现了，受到了处罚。幸运的是，我可以向她
224 解释整个情况，让她从无法与妹妹竞争的观念中解脱出来。同时，我给她家里人解释这些情况，他们帮助阻止竞争，避免留下妹妹更受宠爱的印象。这些事都发生在二十年之前。如今，这个女孩结婚了，非常正直，并有了自己的孩子。自从那时起，她就没有在生活中犯过大错。

我们已考虑了孩子的成长尤其存在危险的处境，但是我想就这一点简单地做些回忆。我们必须强调它们，因为如果个体心理学正确的话，那么只有在罪犯的看法中认识到这种处境的影响，我们才能真正帮助他拥有合作能力。有特殊困难的三种孩子的主要类型是：第一种，有器官缺陷的孩子；第二种，娇生惯养的孩子；第三种，被忽视的孩子。有器官缺陷的孩子觉得他们与生俱来的权利天生被剥夺了，除非他们对别人的兴趣得到特别的训练，他们比普通人更关注自己。他们寻找控制别人的机会，我曾看到过一个例子，有个男孩因为一个女孩拒绝了他的求爱，而觉得丢脸，竟怂恿年纪小的、更傻的男孩杀死她。娇生惯养的孩子仍然依偎在宠爱他们的父母身旁——他们没有将兴趣扩大到世界的其余部分。没有哪个孩子完全被忽略，否则他连婴儿期的最初几个月都存活不下来。但是在孤儿、私生子、弃子、丑陋和畸形儿童之中，我们也发现了我们可称之为被忽略的儿童。因
225 此，我们在这些罪犯中发现了两种主要类型——丑陋、被忽视的和俊俏、受宠的罪犯，这就很容易理解了。

我曾努力在我接触过的罪犯中，以及在我阅读过的书籍和文章对犯罪的描述中，寻找罪犯人格的结构。我发现，个体心理学的要点让我们对这些情形有所了解。让我从安东·冯·费尔巴哈（Anton von Feuerbach）所著的一本古老的德国书中挑选出几个例子，来做进一步的说明。我已经发现了对罪犯心理学的最佳描述。

1. 康拉德（K. Conrad）的例子。他在临时工的帮助下谋杀了他的父亲。这位父亲常忽视这个男孩，残忍地对待他，并粗暴地对待整个家庭。有一次，这个男孩还手打他，他的父亲把他带上了法庭。法官说："你有个不道德的、好争论的父亲，我也无能为力。"我们注意到法官怎样给这个孩子一个借口。这个家庭妄图为他们的困难寻找治疗之法。但他们所面对的这样一个难题使他们绝望了。他的父亲把一个声名狼藉的妇女带回家，并把儿子赶出家。这个男孩认识了一个对他处境深表同情的临时工，临时工建议这个男孩杀死父亲。他由于母亲的缘故犹豫不决，但是这种处境每况愈下。在长时间考虑后，他同意了，在临时工的帮助下杀死了父亲。我们在此处看到这个儿子甚至无法将他的兴趣扩大到其父亲身上。他依然深深依恋着母亲，且非常 226
尊敬她。在他毁灭残余社会兴趣之前，他需要寻找可使罪行减轻的情境。只有当他从临时工那获得支持时，凭着一股残忍，他才麻醉自己，犯下罪行。

2. 玛格丽特・茨旺奇格（Margaret Zwanziger），被称为"臭名昭著的毒药女神"。她是个在福利院长大的孩子，外表瘦小丑陋；因此，个体心理学家会认为，这刺激她变得虚荣，渴望吸引注意。她卑躬屈膝。在几次令她几乎绝望的尝试之后，她试图三次毒死别的女人，希望占有她们的丈夫。她觉得受到剥夺，想不出任何其他方法"夺回自己的东西"。她假装怀孕，企图自杀，以束缚这些男人。她在自传中写道（许多罪犯都乐于写自传）："每当我做了恶事，我都会想：'没有人曾为我悲伤过，如果我使别人悲伤，那么我又为什么要担忧呢？'"这无意中证明了个体心理学的观点，但却无法理解她的陈述。

我们在这些话语中看到她如何鼓动自己，一步步走向犯罪，准备使罪行减轻的情形。当我提倡合作、对别人感兴趣时，我常听到这种说法："但是别人并没有显示出对我的兴趣！"我的回答是："总要开始吧。如果别人都不合作，这不是你的事。我的建议是，你应该开始，不要在乎别人是否合作。”

3. N. L.，长子，教养不好，一只脚跛，取代了父亲的位置，教育弟弟。我们可以认识到，这种关系作为一种优越感目标，到如今可
227 能仍处于生活的有用一面。然而，这也许是一种自豪和炫耀的欲望。后来，他鼓动他的母亲外出乞讨，并说：“滚蛋，你这个畜生。”我们为这个男孩感到可惜：他甚至对他的母亲都没有兴趣。如果我们把他当作一个孩子，我们就会明白他是怎样走向犯罪生涯的。他已失业很长时间了。他没有钱，染上了性病。一天，在寻找工作未果后回家的路上，他为了控制弟弟的微薄收入而杀死了弟弟。我们在此处看到了他合作的局限——没有工作，没有钱，有性病。每个人总有这些限制，超过了限制，个体就觉得无法继续。

4. 早年是孤儿的孩子被一位养母收养了，她宠惯他到了令人难以置信的地步。这样，他就成了受宠的孩子。在以后的日子里，他发展糟糕。他善于经商，不断尝试给每个人留下印象，总想位居前列。他的养母鼓励他，并和他坠入爱河。他变成了骗子，不择手段地骗钱。他的养父母是地位低下的贵族：他装出贵族的派头，挥霍掉了所有钱财，把他们赶出了家。不良的训练和溺爱宠坏了他，而无法使他诚实工作。他把生活中的工作看作是，他好像必须以撒谎和欺骗来征服。这使得每个人都成了要欺骗的敌人。他的养母宁可喜欢他，也不喜欢自己的孩子和丈夫。这种对待使他觉得，他有权利得到一切，但是他对自己过低的评价表明，他认为无法通过正常手段获得成功。

228 我们已经指出，没有哪个孩子应该遭受这种挫折，以及这种对合作无用的深深自卑感。面对生活问题，没有人一定会失败。罪犯选择了错误的方法。我们必须向他指出他在哪里采用了错误的方法，以及为什么选择了它们。我们必须训练他有勇气对别人感兴趣，和别人合作。如果我们完全认识到犯罪是懦弱的、没有勇气的，那么我会认为

最强有力的自我辩白会远离罪犯，没有哪个孩子会在未来去选择训练自己犯罪。在所有罪犯的案例中，不管他们是否正确描述，我们都能看到童年时期错误生活风格的影响，这种风格显示出缺乏合作的能力。我想说这种合作能力必须受到训练，它是否来自遗传根本不是问题。人们有一种寻求合作的潜力，这种潜力应当被视为是天生的。每个人都具有这种潜力，要发展它，就必须进行训练和练习。在我看来，有关犯罪的其他所有观点都是多余的，除非我们能造出受过合作训练又是罪犯的人。我从未遇到过这种人，我也从没有听说有人见过这种人。要是认识不到这一点，我们就无法期望避免犯罪的灾难。教孩子合作就如同教地理的方式一样。因为它是一种真理，我们总能传授真理。如果一个孩子，或者一个成年人，进行地理测试，而他没有做好准备，他就会失败。如果一个孩子，或者一个成年人，在需要合作的知识背景下测试，他没有做好准备，那么他也会失败。我们所有 229
的问题都需要合作的知识。

我们对犯罪问题的科学探究已近尾声，现在我们必须要有足够的勇气面对真理。人类已过了上万年，却还是没有找到处理这个问题的正确方法。已经使用的方法似乎都没有用，这种不幸我们仍然跟随着。我们的探究已告诉了我们缘由：还没有采取正确的步骤来改变罪犯的生活风格，阻止错误生活风格的发展。缺少这一点，没有哪种方法能真正发挥作用。

让我们回忆一下我们的结果。我们已发现罪犯不是人类的异类，他和其他人别无二致，他的行为是一种可以理解的人类行为的变衍。这是个很重要的结论：如果我们明白了犯罪本身不是一件孤立的事，而是一种态度的症状，如果我们能看到这种态度如何出现，而不是面前无法解决的问题，那么我们会以自信开始工作，我们可以实现改变。我们发现，罪犯已用不合作的思维和行动训练自己有一段时间了。这种缺乏合作的根源可以回溯到他的童年早期，即生命最初四五年。在那些年里，他对别人兴趣的发展出现了阻碍。我们已经描述过这种阻碍与他的母亲、父亲、同伴、周遭的社会偏见、环境中的困难
230 以及其他因素的关联。我们已经发现，在形形色色的罪犯中、在所有各种失败者中，最大的共同特征就是缺乏合作、缺乏对别人以及人类幸福的兴趣；如果我们要做点什么，这种合作能力就必须要学会并得到训练。然而，并没有实现这种结果的其他方法。一切都取决于这个因素，合作的能力。

罪犯在一个点上与其他失败者有所不同。经过长期地、不断地反对合作训练，他已像别人一样在生活的正常任务中失去了获得成功的机会；然而，他保持了一定的活动，他把活动的剩余部分都投向了生活的无用一面。他在无用的一面表现非常积极，在某种程度上，他能与那些他认为很像自己的人、与同一类型的人，以及与其他罪犯一起合作。在此，他与神经症患者、自杀者和酗酒者都不相同。然而，他的活动范围非常有制，有时只剩下犯罪的可能。他反复承认的，不是整个犯罪领域，而只是一种犯罪。这就是他的活动范围，他把自己限制在这个狭小的区域。我们在这种情境中看到他是多么缺乏勇气。他一定会失去勇气，因为勇气只是合作能力的一部分。

罪犯总是在为他的犯罪生涯做着思想和情感的准备：他白天做着计划，夜里做梦试图毁掉其最后残留的社会兴趣。他总在为减轻罪行和逼迫他当罪犯的原因寻找借口和托词。要刺穿这堵社会情感之墙并
231 不容易，因为它显示出巨大的阻力。但是如果他要犯罪，他就必须找到一种方法——也许是冥思苦想他的委屈，也许是通过麻醉自己——来摆脱这种阻碍。这帮助我们了解了他如何不断地对证实他态度的环境作出解释，同时也帮助我们了解了我们与他争辩为何一无所获。他以自己的眼睛看待这个世界，他已为此生的争辩做好了准备。除非我们发现他的态度如何形成，否则我们就无法期望改变它。然而，我们有一个他无法对抗的优点：这就是我们对别人的兴趣，它使我们找出

帮助他的正确方法。

当罪犯身处困境，没有勇气以合作的方式面对它，找不到容易的解决方法时，他就开始策划并准备犯罪。比如，当他需要挣钱时，这种情况尤其会发生。他和所有人一样寻求安全感和优越感目标。他希望解决问题，克服阻碍。然而，他的努力却在社会框架之外：他的目标是虚构的个人优越感目标，他试图通过设想自己是警察、法律以及社会组织的征服者来获得这个目标。这就是他自娱自乐的一种游戏——违法、躲避侦查，狡猾奸诈以至没有人找到他。比如，他认为使用一瓶毒药就是一种巨大的个人胜利。他总是自欺欺人，自我沉醉。在第一次判罪前，他通常都有几次成功。当被发现时，他只想 232
到：“如果我更聪明，我就可以逃之夭夭了。”

我们可以在所有这些情境中看到他的自卑情结。他从工作环境以及与生活有关的任务中逃离出来，他觉得自己无法获得正常的成功。他逃避合作的训练已真正增加了他的困难——大多罪犯都是没有技术的工人。他通过发展一种低级的优越感来隐藏自己的不足。他认为自己是多么勇敢、多么特别，但是当他作为生活前线的逃兵时，我们能称他为英雄吗？罪犯实际上在梦里实现了他的生活：他不了解现实，他必须与了解的事实斗争，或者他将被迫放弃自己的职业。因此，我们发现他在想：“我是这个世界上最强大的人，因为我能杀死每个人。”或者：“我比任何人都聪明，因为我能犯罪，而不被发现。”

我们已认识到罪犯是如何从生命第一年负担过重的孩子中，或者从被宠爱和娇惯的孩子中产生的。有器官缺陷的孩子需要特殊的照顾，以指导他们对别人的兴趣，否则他们无法以正确的方式成长。被忽略、被遗弃、得不到欣赏或者令人讨厌的孩子都处于相似的情境之中：他们从未体验过与别人的合作；他们没有学会，合作有可能赢得情感，解决问题。得宠的孩子没有学过以自己的努力来获得东西。他们认为自己要什么，这个世界就会迫不及待地满足他们的要求。如果

233 他们没有得到自己想要的一切，他们就觉得受到不公对待，并拒绝合作。在每个罪犯背后，我们都能追溯这种历史。他们没有受过合作训练，他们也没有合作的能力。一旦他们遇到问题，他们就不知道如何处理。因此，我们清楚地知道我们必须要做什么。我们必须训练他们进行合作。

我们有了这方面的知识，到目前为止我们也有了足够的经验。我认为，个体心理学告诉了我们如何改变每个罪犯。但是，想一想，要找出每一个罪犯，对其进行治疗，以便我们改变他的生活风格，这是多么艰难的工作啊！遗憾的是，在我们的文化中，如果大部分的困难超过一定程度，他们的合作能力就会耗尽。我们发现罪犯的数量在艰难岁月里总会增加。我认为，如果我们用这种方式消除犯罪，我们就要治疗大部分人。我认为，把每个罪犯或者潜在罪犯改造成规矩之人的短期目标不太可行。

然而，我们有很多事情可以做。假使我们无法改变每个罪犯，我们就可以做些事情，以减轻那些不足以处理生活问题的人的负担。例如，关于失业、缺乏职业训练和技能，我们就可以使每个想工作的人获得一份工作。这是降低社会生活要求以使大部分人不会失去最后合
234 作能力的唯一方法。毋庸置疑，如果做到了这一点，罪犯的数目将会减少。我不清楚我们的时代在我们的经济条件下是否准备好这种救济；但是我们应该为这种改变做出努力。我们也应该为孩子们的未来职业更好地训练他们，这样他们就能更好地面对生活，并拥有更大的活动范围。这种训练在监狱里也可以进行。在某种程度上，我们已经在某个方向采取了一些步骤，也许我们所需要的就是加倍努力。虽然我认为，我们不太可能给每个人进行单独治疗，但是我们可以通过集体治疗提供更多帮助。比如，我应该假设我们已和许多罪犯讨论过社会问题，就像我们在此考虑他们一样。我们应该询问他们，让他们回答；我们应该启迪他们的心灵，把他们从沉睡的梦中唤醒；我们应该

让他们从对世界的个人解释的沉醉中，以及对自身潜力的过低评价中脱离开；我们应该教会他们不要限制自己，减少对要面对的环境和社会问题的担忧。我确信我们能从这种集体治疗中获得巨大的成果。

在我们的社会生活中，我们也应该避开被罪犯和穷人当作挑战的每件事。如果贫富分化悬殊，穷人必然愤怒，并受到许多挑战。因此，我们应该减少浮躁的风气：个体也没有必要挥霍拥有的大量财富。在治疗落后儿童和问题儿童的过程中，我们已经学到，让他们挑 235
战力量的试验完全没有用。这是因为他们认为自己与环境作战时，他们仍能坚持自己的态度。罪犯也是如此。纵观整个世界，我们可以观察到：警察、法官甚至我们制定的法律都在挑战罪犯，勾起他们的斗志。然而，绝不应该存在威胁。如果我们更加冷静，不提到罪犯的名字，或者不对他们做那么多宣传，那么情形可能会好很多。这种态度需要改变。我们认为，不论是严厉还是温和都不能改变一个罪犯。只有他更好地了解自身的处境，他才会改变。当然，我们应该仁慈点。我们不应该猜想，罪犯会因身体惩罚的想法而害怕：正如我们看到的，身体惩罚有时只是增加了游戏的刺激性，甚至在罪犯被电击时，他们都会认为只是他们出了纰漏，才会被抓住。

假如我们加倍努力，找到那些对犯罪负责的人，那么这就会很有帮助。在我看来，至少有 40%的罪犯，也许更多，都逃过了侦查。这个事实总在助长罪犯的错误观点。几乎每个罪犯当他承认犯罪，而没有被发现时，都有过这种状态。关于这些方面的其中一些部分，我们已经有了改进，我们正在往正确的方向发展。罪犯不论在监狱还是离开监狱后，都不应受到侮辱或者挑战，这也很重要。如果选出适当的人选，那么增加感化官的数量就会很有用，通过这些感化官自身对社会问题和合作的重要性也应该有所领悟。 236

我们可以借助这些方法完成许多事情。然而，我们仍然不能如我们所期望的那样，减少犯罪的数目。幸运的是，我们有了其他方法，这是一种非常实用、非常成功的方法。如果我们训练孩子具有适当程度的合作能力，如果我们发展了他们的社会兴趣，罪犯的数量就会大幅度减少，效果在不远的将来就会体现出来。这些孩子也就不会受到引诱或者煽动。无论他们在生活中遇到什么困难或者麻烦，他们对别人的兴趣都不会完全消失。他们的合作能力以及完满解决生活问题的能力都比我们这一代高。大部分罪犯很早就已开始职业生涯，他们通常在青春期开始，也许在十五到二十八岁之间，犯罪就非常频繁。因此，不久就可以看到我们的成功。不仅如此，我确信，如果孩子得到正确的教育，他们将会影响整个家庭生活。独立、有远见、乐观、发展良好的孩子会是父母的帮手和宽慰。合作的精神会迅速传播到整个世界；人类整个社会风气也会提升到一个更高水平。我们影响孩子的同时，也影响了父母和教师。

遗留的唯一问题是我们如何选择最佳突破点，我们寻找什么方法
237 发展孩子，便于他们能够处理以后生活中的任务和问题。也许我们可以训练所有的父母，但是这绝不可能。这个建议不会给我们太多希望。父母们是很难把握住的，绝大多需要训练的父母都是我们从未见过的穷人。我们无法接触到他们，因此我们必须寻找另一种方法。也许我们能够集中所有孩子，把他们关起来，感化他们，自始至终密切关注他们。这似乎不是一个好的建议。然而，有一种方法切实可行，可以真正解决问题。我们可以使教师成为社会进步的工具：我们可以训练教师去纠正孩子在家庭中犯下的错误，发展并扩大孩子对别人的兴趣。这是学校完全自然的发展方向。因为家庭无法为以后生活的所有任务教育孩子，所以人们才会建设作为家庭延伸的学校。我们为何不运用学校来使人们更合群、更合作，并对人类幸福更感兴趣呢？

你将会看到我们的能力必须建立在以下观点之上。简而言之：人们贡献的结果使我们在现今文化中享有的所有有利条件成为可能。如果个体不会合作，不对别人感兴趣，不对整个人类作出贡献，他们的

整个生活就没有任何价值，他们已经消失了，身后没有留下任何踪迹。只有那些作出贡献的人们的成果才会存留下来，他们的精神将延续下去，并将永垂不朽。如果我们使之成为我们教导孩子的基础，他们就会在自然而然喜欢的合作性工作中成长。如果他们正面对困难，
他们就不会示弱。他们会坚强面对甚至最困难的问题，并会为了人们 238
的共同利益解决它们。

第十章 职　业

239 束缚人们的三种联结构成了三个生活问题，但没有哪一个问题可以单独解决，每一个问题都需要其他两个的成功处理。第一种联结构成职业问题。我们生活这个星球的表面上，只拥有这个星球的资源：肥沃的土地、丰富的矿产、气候以及空气。寻找这些条件给我们提出的问题的正确答案，一直是人们的任务。甚至今天我也不能认为，我们已找到了满意的答案。在每个时代，人们都达到了解决问题的一定水准，但追求进步和更多成绩是很有必要的。

我们解决这个问题的最佳方法源自第二个问题的解决。束缚人们的第二种联结是他们属于人类，并生活在和别人的联系中。如果一个人独自生活在地球上，那么他的态度和行为会完全不同。我们总要依赖别人，适应他们，对他们感兴趣。这个问题的最佳解决方法是友谊、社会情感以及合作。借助这个问题的解决，我们在第一个问题的解决上取得了不可估量的进步。

240 因为人们学会了合作，所以我们才能在人类分工中获得重大发现，这种发现是人类幸福的主要保障。如果每个人都凭自己谋生，而不合作，不依赖过去的合作成果，保存人们的生活就不太可能实现。借助劳动分工，我们可以运用不同训练类型的成果，将许多不同的能力组织起来，这样所有人对人类幸福都有所贡献，保证安全，为社会所有成员增加机会。当然，我们不能吹嘘已经实现了可以做到的一切；我们不能假装劳动分工已经达到了其最富有成效的发展程度。但是解决职业问题的每种尝试都必须在劳动分工的框架和合作努力下进行，且通过我们的工作对别人的利益有所贡献。

一些人尝试着逃避职业这个问题，他们不去工作，使自己关注人类共同兴趣之外的东西。然而，我们总是会发现，如果他们回避这个问题，他们实际上就在要求同伴给予支持。不管怎样，他们依靠别人的劳动而生活，而不去对他们有所贡献。这就是受宠儿童的生活风格：当面对问题时，总是要求通过同伴的努力为他解决问题；把不公正的负担扔到积极参与解决生活问题的人身上，并阻止人们的合作。

人们的第三种联结是，他是两种性别其中之一，而不是其他哪一 241
种。他在延续人类生命中的作用，依赖于其接近异性以及履行性别角色的行为。两性之间的关系也构成了问题。要成功解决爱情和婚姻问题，对劳动分工有所贡献的职业是必不可少的，与别人的友善接触也是必要的。正如我们已看到的，在我们这个时代，这个问题的最佳解决方法，也是最符合社会要求和劳动分工的解决方法，即一夫一妻制。在个体回答这个问题的方式中，总可以看到他的合作程度。这三个问题是绝不应分开的，它们相互纠缠在一起，一个问题的解决有助于其他问题的解决。事实上，我们可以说，它们是同一种情境、同一个问题的各个不同方面——人们有必要在他发现自己的环境中保全生命、延续生命。

我们在此重复一次，尽母亲之职又对人类生活有所贡献的妇女，和其他任何人一样，在劳动分工上占有崇高的地位。如果她对孩子的生命感兴趣，那么她会为他们做准备，使之成为健全的公民。如果她扩大他们的兴趣，训练他们合作，她的工作就价值连城，但从来都没有得到恰当的回报。在我们如今的文化中，母亲的工作被低估了，经
常被认为不是很有吸引力或者值得尊敬。它只能获得间接的补偿，把 242

它作为主要职业的妇女通常在经济上也依赖别人。然而，家庭的成功同样依赖于母亲和父亲的工作。不论母亲是料理家事还是独立工作，她作为母亲的工作所发挥的作用不比她的丈夫的工作来得低。

母亲是第一个影响孩子职业兴趣发展的人。生命最初四五年的努力和训练，对孩子在成年生活中的主要活动范围有决定性影响。如果有人要求我做职业指导，我会问这个人如何开始，在生命最初几年他对什么感兴趣。这个阶段的记忆最终显示出他一直用什么来训练自己：它们显示出他的原型，以及潜在的统觉图式。对于最初记忆的重要性，我在后面还将会讨论。

训练的第二步由学校执行。我相信我们的学校如今更加关注孩子的未来职业，训练他们的手、眼和耳，及其官能和功用。这种训练和特殊课程的传授一样重要。然而，我们不应忘记，课程的传授对孩子的职业发展也很重要。我们常常听到，人们在以后的生活中说，他们已经忘了曾在学校学过的拉丁语和法语。但是，讲授这些课程也许仍然不是错误的。在所有这些课程的学习中，通过过去的综合体验，我们已经发现训练所有心理功能的极佳场合。有许多现代化学校很看重
243 技能和手工艺；我们也以这种方式增加孩子的经验，培养他们的自信。

如果一个孩子从童年时期就知道，在以后的生活中想从事什么职业，他的成长就简单很多。如果我们问他们以后想做什么，绝大多数人会给出答复。他们的回答明显没有经过思考；当他们说他们想做飞行员或者火车司机时，他们不知道为何选择这个职业。我们的任务就是识别潜在的动机，看清他们努力的方式，是什么在推动他们前进，他们身处的位置，他们的优越感目标，以及具体实施时他们有何感受。他们给出的回答只向我们表明，哪种职业在他们看来似乎代表着优越；但是从这种职业中，我们也看到帮助他们实现目标的其他机会。

十二岁或者十四岁的儿童应该已经更清楚他们要从事的职业。一听到这个年龄段的孩子不知道他们在以后的生活中要做什么，我就总感到很难过。他表面上所缺的雄心壮志并不意味着他根本没有兴趣。他可能雄心勃勃，却没有足够的勇气说出他的雄心是什么。在这种案例中，我们必须花点心思找出他的主要兴趣和训练。一些孩子，当他们在十六岁读完高中时，仍然没有确定未来职业。他们常常是优秀的学生，却不知道如何继续以后的生活。我们认识到，这些孩子都很有野心，实际上却不真正合作。他们在劳动分工中没有找到自己的出路，也没有适时找到实现他们雄心的具体方法。因此，早一点询问孩 244
子他们要从事什么职业是很有好处的。我常常在学校提出这个问题，以便引导孩子们思考这一点，以免忘了这个问题或者想隐藏答案。我也问他们为何选择这个职业，他们常常告诉我非常启示人的细节。我们在孩子对职业的选择中看到他的整个生活风格。他展示给我们他努力的主要方向，以及他在生活中认为最有价值的东西。我们必须让他选择认为有价值的职业。因为我们自身无法说出哪种职业高级、哪种低下。如果他真正从事自己的工作，致力于奉献别人，那么他和别人一样是有用的。他唯一的工作就是训练自己，努力支持自己，在劳动分工的框架下安排自己的兴趣。

有些人无论选择什么职业都不会满意。他们所要的不是一种职业，而是对优越感的轻易保障。他们不想面对生活问题，因为他们觉得生活给他们带来问题这根本就不公平。这些人都是受宠的孩子，想得到别人的支持。也许绝大部分的男人和女人确实对自己在最初四五年里摸索出来的方向感兴趣，并无法忘记这些兴趣，但是出于经济上的考虑或者父母施加的压力，他们被迫采取不同的方向，从事自己不感兴趣的职业。这是童年时期训练重要性的另一种标志。如果我们在儿童的最初记忆中看到对可见事物的兴趣，我们就可以认为他更能适
应运用眼睛的职业。在职业指导中，最初记忆应该被认为是非常重要 245

的。某个孩子会提起有人和他谈话的印象，提起风吹或者铃响的声音。我们知道他是听觉型的，我们可以猜测他也许适合与音乐相关的一些职业。在其他回忆中，我们可以看到活动的印象。有一些人要求更多的活动，也许他们会对要求户外作业或者旅游的职业感兴趣。

最常见的努力之一就是尝试超越家中的其他成员，尤其是比父亲或者母亲更进一步。这会是一种非常有价值的努力。我们很高兴看到青出于蓝而胜于蓝，在某种程度上，如果一个孩子想在自己的职业中超过他父亲的成绩，那么他父亲的经验会提供给他一个良好的开端。父亲是警察的孩子常常怀有当律师或者法官的雄心。如果他的父亲受雇于诊所，他就想成为医生。如果他的父亲是教师，他就想在一所大学担任教授。

通过观察孩子，我们可以看到他们为成年生活中的职业训练自己。比如，有时一个孩子想做教师，我们会注意到他如何召集更小的孩子，在学校和他们一起玩耍。孩子的游戏向我们暗示了他们的兴趣。期望做母亲的女孩会和玩具一起玩，训练自己对婴儿产生更大的
246 兴趣。训练扮演母亲角色的兴趣应该得到鼓励，我们不必担心给小女孩玩具去玩耍。一些人觉得，如果我们给她们玩具，我们会使她们脱离现实，但事实上她们训练自己认同并完成一位母亲的任务。她们在生活的早期便开始训练，是很有价值的。因为一旦她们训练得太迟，她们的兴趣就已固定不变。许多孩子表现出浓厚的机械和技术兴趣。如果他们能实现自己所希望的，那么这也是对以后生活中良好职业的一种承诺。

仍然有其他的孩子一点都不想被安排在领导的位置上。他们的主要兴趣是找到一位受人尊敬的领导，他是他们可以服从的另一个孩子或者成年人。这不是一种非常有利的发展，如果我们能减少这种服从的倾向，我一定会感到高兴。如果我们无法阻止他们，这种孩子在以后的生活中就不能占据领导地位，他们会根据自己的意愿，选择小职

员的职位，他们的工作是日常工作，他们所做的一切工作都是预先安排好了的。

无意中遇到疾病或者死亡问题的孩子，总对这些事实留有巨大的兴趣。他们想成为医生、护士或者药剂师。我认为，他们的努力应该得到鼓励。因为我总是发现，拥有这种兴趣而成为医生的孩子很早便已开始他们的训练，并且非常喜欢他们的职业。有时，对死亡的一种体验可能会以另一种方式得到补偿。孩子会怀有通过艺术或者文学创作来保存生命的雄心，或者他可能会成为虔诚的宗教徒。

逃避职业的错误训练，比如心猿意马或者懒惰怠慢，在生活的早 247
期便已开始。当这种孩子在以后的生活中面对困难时，我们必须以科学的方式找到他错误的原因，并试着以科学的方法纠正他。如果我们生活在可以给我们提供所需一切的地球上，并不需工作，也许懒惰就会成为美德，勤劳就会成为恶习。就我们与自己居住的行星和地球的关系而言，我们理解了，对职业问题的逻辑解答，唯一与常识相一致的就是，我们应该工作、合作和奉献。人们以往通过直觉感觉到这一点，现在我们可以从科学的角度看到它的必要性。

儿童早期的训练在天才中已很明显。我认为天才的问题可以说明整个话题。人们只称那些对人类幸福贡献良多的人为天才。我们无法想象一个天才身后没有对人类留下任何益处。艺术是所有人最富于合作的结晶，人类伟大的天才已提升了我们的文化水平。荷马在他的史诗中只提到三种颜色，并用这三种颜色来做所有的区分。毋庸置疑，人们在那时可能已经注意到更多的不同；但没有必要给它们起名字，因为这些不同似乎很微不足道。谁教会了我们区分所有颜色？我们现在又怎么命名呢？我们必须说这是艺术家和画家的工作。作曲家已将
我们的听觉提炼到非同一般的程度。如果我们现在以和谐的声调而不 248
是原始人粗糙的音调说话，那么这就是音乐家所教给我们的。他们丰富了我们的心灵，教会我们训练自己的功能。谁增加了我们的感受深

度？谁教我们讲得更好、理解更到位？这些人就是诗人。正是他们丰富了我们的语言，使之更灵活，适用于各种生活目的。天才是最富于合作的人，这毋庸置疑。在他们行为和态度的某些方面，也许我们看不到他们的合作能力，但是我们可以在整个生命画卷中看到它。他们并不像别人一样易于合作。他们走在一条荆棘丛生的道路上，要面对许多阻碍。他们常以严重的器官缺陷为出发点。在几乎所有杰出人士中，我们都发现了一些器官缺陷。我们得到这个印象，即在生命之初他们便要痛苦地面对困难，可是他们却努力克服了它们。我们尤其能注意到他们是多么早就已固定下其兴趣，他们在童年训练自己多么艰难。他们使自己的感觉更加敏锐，以至他们能够接触世界上的难题，并理解它们。我们可以从这种早期训练中断定，他们的技术和天赋是自己的创造，而不是天生的或者遗传的、不应得到的礼物。他们努力，我们享福。

这种早期努力是以后成功的最佳基础。假设我们让一个三四岁的女孩独自待着。她开始为她的玩具缝制一顶帽子。当我们看到她在工作，我们告诉她帽子多么漂亮，并建议她如何可以缝得更好。这个小
249 女孩受到鼓励和激励。她加倍努力，增强技能。但是假设我们说：“把针放下！你会伤到自己。你根本没有必要做这顶帽子。我们要出去给你买顶更漂亮的。”她就会放弃自己的努力。如果我们在以后的生活中比较这两个女孩，我们会发现第一个女孩已经形成了艺术的品位，对工作感兴趣：第二个不知道自己该怎么做，她认为自己买的东西比做得更好。

如果在家庭生活中过分强调金钱的价值，孩子就会只想根据他们挣钱的多少来看待职业问题。这是个巨大的错误，这种孩子不会遵循对人类有所贡献的兴趣。每个人都应该自谋生路，这是个事实。的确，我们也发现忽视这一点的人使自己成为别人的负担。但是如果一个孩子只对挣钱感兴趣，那么他会很容易失去合作之道，只寻求自己

的利益。如果挣钱是他唯一的目标，又没有哪种社会兴趣与之息息相关，那么他没有理由不以抢劫或者欺骗别人的方式来挣钱。即使情形不那么极端，而只有少许社会兴趣与这个目标结合，那么这个人可能挣了很多钱，但他的活动对同伴并没有多少益处。在我们这个复杂的时代，沿着这些路途很有可能获得成功，变得富有。甚至错误的方式有时在某种程度上似乎也会成功。对于这一点我们不必惊讶，因为我们无法坚持某种承诺，即认为以正确态度经历生活的人会取得迅速的成功。然而，我们可以断言，他会鼓起勇气，不会失去自尊。

一种职业有时可用来逃避，用来作为逃避社会和爱情问题的借 250
口。在我们的社会生活中，经常用忙碌的活动作为摆脱爱情和婚姻问题的方法。我们有时会发现它被当作失败的借口。一个人疯狂地致力于他的事业，并认为："我没有时间花在婚姻上，因此我不应对它的不美满负责。"尤其是在神经症患者中，社会和爱情这两种问题是他们试图要回避的问题。他们没有办法接触异性，或者用错误的方法。他们没有朋友，对别人没有兴趣。但是他们日夜忙着自己的事业。他们想着它，在床上梦到它。他们使自己处于紧张之中，并在这些紧张中出现了神经症症状，比如胃刺激或者类似这些烦恼。他们现在觉得，他们的胃病可以使自己不再面对社会和爱情问题。在其他情形下，这个人总变换职业。他总考虑更适合他的职业。最终他根本没有职业：他总是在一件事到另一件事之间摇摆不定。

面对问题儿童，我们第一步就是要找到他们的主要兴趣。通过这一点，我们就更容易从整体上鼓励他们。如果有未能确定职业的年轻人，或者有过职业失败的年长的人，我们就应找到他们的真正兴趣，并运用它们：一方面给予他们职业指导，另一方面努力帮助他们就
业。这并非易事。在我们这个时代，大量失业是值得警惕的问题。但 251
在一个人们都致力于合作的时代，这并不是对它的正确表述。因此我认为，每个了解合作重要性的人都应该努力看到：没有人会失业，工

作面向每个想寻求的人。我们可以用增加训练学校、技术学校以及成人教育的方式来援助。许多失业者没有受过训练、没有技术。也许，其中一些人对社会生活不感兴趣。对人类而言，未受过训练的社会成员以及对人类幸福不感兴趣的人群，是种巨大的负担。这些人总觉得自己落后，处于不利位置。所以我们可以理解，未受训练、没有技术的人构成了大部分的罪犯、神经症患者以及自杀者。由于他们缺乏训练，所以他们落在人们后面。所有父母和教师以及对人类的未来发展和进步感兴趣的人，都应该努力让所有孩子得到更好的训练，以使其中大部分人进入成年生活时，不至于在劳动分工中没有特殊的位置。

第十一章 人类与同伴

对人类而言，最早的努力就是与同伴一起合作。正是由于对我 252
们的同伴产生兴趣，我们的种族才会取得所有这些进步。家庭是一个
对别人产生兴趣必不可少的组织；我们追溯历史时会发现，人类在家
庭中共同成长的趋势。原始部落以共同符号将人们聚集在一起，符号
的目的在于将人们和同伴团结起来合作。最简单的原始宗教是图腾崇
拜。一个部落会崇拜蜥蜴，另一个可能崇拜公牛或者巨蟒。那些崇拜
相同图腾的人一起居住合作，部落里的人们情同手足。这些原始习俗
是人类稳固合作的重大步骤之一。在这些原始宗教的节日中，每个崇
拜蜥蜴的人都加入同伴行列，他们一起讨论收获的问题，如何保护自
己，以及免受动物和天灾的侵害。这就是节日的意义。

婚姻被认为是涉及整个团体利益的事情。每个崇拜相同图腾的弟
兄都得按照社会的约束，在自己团体之外寻找搭档。我们应该认识
到，爱情和婚姻不是个人的事务，而是整个人类在心灵和精神上都应 253
该参加的共同任务。结婚就意味着一定的责任，因为这是整个社会都
期望的任务，社会期望生育健康的孩子，并以合作的精神抚育他们。
因此，所有人在婚姻中都应乐于合作。原始社会用他们的图腾以及复
杂的制度控制婚姻的方法，如今在我们而看来似乎很可笑。但是在他
们那个时代，不容忽视它们的重要性。它们确实增加了人们的合作。

宗教的最重要教诲是“爱邻居”。在此，我们以另一种形式同样努力地增加对同伴的兴趣。有趣的是，我们现在可以从科学角度证实这种努力的价值。得宠的孩子问我们：“我为何要爱我的邻居？我的邻居爱我吗?”因此这揭示了他缺乏对合作的训练和对自己的兴趣。对生活中遭遇巨大困难的同伴不感兴趣的人，会给别人带来巨大伤害。正是在这些人中间出现了人类所有的失败。许多宗教和忏悔以它们的方式设法增加合作；就我自己而言，我赞成以合作为最终目标的人类的每种努力。争斗、批评以及低估都是没有必要的。我们并不拥有绝对真理，有好几条道路都通往合作的最终目标。

254 我们知道在政治上可能会滥用最好的方法。但是如果缺少合作，那么没有人能够凭借政治完成任何事。每位政治家都必须拥有自己改善人类的最终目标，改善人类意味着更高程度的合作。对于判断哪位政治家或者政党真正能够引导改善，我们常常没有做好充分的准备。每个人都根据自己的生活风格进行判断。但是如果一个政党在自己的圈子中发展同伙，我们就没有理由反感这些活动。因此，在国家动向上，如果那些政治家参与这些活动的目标是把孩子培养为真正的同伴，增加他们的社会兴趣，那么他们可能会继续遵循自己的传统，崇拜自己的国家，尝试以最理想的方式去影响并改变法律：我们应该赞同他们的努力。班级活动也是团体活动和合作，如果其目标是改善人类，我们就应该避免偏见。因此，所有活动都应根据他们加深对同伴兴趣的能力来判断，我们将会发现帮助增加合作的方法有许多种。也许有更好的或更糟的方法，但是如果获得了合作的目标，攻击某种方法就没有用，因为它可能不是最好的。

我们不赞同的是只寻求索取和个人利益的人生观。这就是对个人进步和共同进步构成的可以想象的最大阻碍。只有对我们的同伴感兴趣，才会形成人类的各种能力。读、说和写都以与别人的联系为先决条件。语言本身就是人类的共同创造，是社会兴趣的结果。理解是

一种共同事务，而不是个人功能。理解就如我们期望彼此应该知道别 255
人心中的想法那样。它是以共同意义将自身和别人发生联系，并受到人类共识的主导。

有些人主要寻找自己的兴趣和个人的优越感。他们赋予生活个人的意义，生活应该只为他们存在。然而，这里没有任何理解；这是这整个世界上没有哪个人可以分享的观念。因此，我们发现这种人无法与同伴发生联系。当我们看到一个经过训练对自己感兴趣的孩子时，我们会发现他的脸上有种悲哀或者茫然的表情，我们在罪犯或者精神错乱者脸上也看到同样的表情。他们不用眼睛和别人联系。他们不以同样的方式观看。这种孩子和成年人有时甚至都不看一眼他们的同伴。他们转移视线，看看其他地方。同样的联系失败体现在许多神经症症状中，比如，强迫性脸红、口吃、阳痿或者早泄等等都非常明显。这些病症都揭示了无力与别人联系，这源于对他们缺乏兴趣。

分离的最高程度可以用疯狂来代表。如若可以唤起对别人的兴趣，那么即便是疯狂也不是不可医治的；但它代表了他与同伴的距离比其他任何表达，除了自杀之外，都更远。治疗这种病例是种艺术，一种非常困难的艺术。我们必须赢得患者的支持合作，我们只有借助
耐心以及最仁慈、最友善的方式才能做到。曾经有人请求我尽力治疗 256
一位患有早发性痴呆症的女孩。她患此病已长达八年，最后这两年住在一家救济院。她像狗一般咆哮，吐口水，撕扯自己的衣服，试图吃掉自己的手帕。我们可以看到她对人类有多么厌恶。她想扮演狗的角色，我们可以理解这一点。她觉得她的母亲对待她像狗一样。也许她会说："我越看人类，我就越想做只狗。"我跟她连续说了八天话，她都没有回一句。我继续跟她说，三十天之后，她开始以含混不清、莫名其妙的方式谈话。在她心中，我是她的一个朋友，因此她受到了鼓舞。

即便这种类型的患者受到鼓励，他也不知道如何处理他的勇气。

他对同伴的抵抗非常强烈。当他的勇气恢复到一定程度，但又不想合作时，我们就能预测他要尝试的行为。他就像一个问题儿童。他试图做一个令人讨嫌的人：他会弄坏任何能够得到的东西，或者攻击侍从。当我第二次和这个女孩谈话时，她打了我。我不得不思考该怎么办。使她惊讶的唯一答案就是置之不理。你可以想象这个女孩，她不是一个体格健壮的女孩。我让她打我，却仍然看似和善。她的期望不是这样的；它从她身上拿走了每一个挑战。她仍然不知道如何处理再度觉醒的勇气。她打破了我的窗子，手被玻璃划伤了。我没有责备她，反而帮她包扎手。处理这种暴力行为的通常方法，比如禁闭、把她关在房间里，都是错误的方法。我们想赢得这个女孩，就必须另寻
257 他法。期望疯子像正常人一样行事是个巨大的错误。几乎每个人都会恼怒，因为疯子不会像常人那样做出反应。他们不吃东西，撕扯自己的衣服，等等。随他们去吧！没有帮助他们的其他可能性了。

自此之后，这个女孩康复了。一年过去了，她的健康状况依然稳定。一天，当我要去拜访她曾被禁闭的救济院时，在路上遇到了她。“你要做什么?”她问我。“跟我来。”我回答说，“我要去你住了两年的救济院。”我们一起到了救济院，我找到了曾在那儿医治过她的医生。我建议他，当我治疗另一个患者时，和她说说话。当我回来时，这位医生非常愤怒。“她完全健康，”他说，“但是她有件事让我很生气。她不喜欢我。”我依然时不时地看看这个女孩，她良好的健康状况保持了十年。她自谋生路，与同伴和谐相处，见过她的人没人相信她曾经发过疯。

偏执狂和忧郁症这两种症状特别清楚地揭示了他与别人的距离。偏执狂患者指责所有人，他认为他的同伴有阴谋地组织在一起，陷害他。忧郁症患者指责自己，比如，他会说：“我毁掉了整个家庭。”或者：“我失去了所有钱财，我的孩子肯定挨饿。”然而，如果一个人指责自己，那么这只是他外在的表现；他事实上在指责别人。例如，一

位非常优秀又影响甚大的妇女遭遇了意外，再也无法继续社会生活 258
了。她有三个女儿都已结婚，她感到非常孤独。几乎同时她失去了丈夫。之前她备受关照，她努力恢复她所失去的。她开始周游欧洲。然而，她不再觉得自己如以前那么重要了，当她在欧洲时，她开始患上了忧郁症。她的朋友离开了她。忧郁症是一种障碍，对身处这种环境中的人是一种巨大的考验。她发电报要求女儿们回来，但每个人都有借口，没有人回来看她。当她回家后，说得最多的话就是：“我的女儿们都很善良。”她的女儿们把她独自留下，她们让一个护士照看她，既然她回来了，她们就隔三岔五地看看她。我们不能从表面上看她的话。它们是一种指责，了解这些情况的每个人都知道它们是指责。忧郁症就像是对别人长期持续的愤怒和指责，虽然想要获得照顾、同情以及支持，但是患者好像只对自己的罪过沮丧。忧郁症患者的最初记忆通常都像这样：“我记得我想躺在长椅上，但是我的哥哥已躺在那儿了。我哭得很凶，他只好离开。”

忧郁症患者常常有以自杀作为报复手段的倾向，医生的最初照料是要避免给他们为自杀寻找借口。我建议他们把“永远不要做你不喜
欢的事”作为治疗的第一原则，来努力缓解整个紧张气氛。这看起来 259
非常恰当，但是我却认为它已深入到整个问题的根源。如果一位忧郁症患者能做他想做的事，那么他在指责谁呢？他会做出什么事报复呢？“如果你想去剧院，”我告诉他，“或是想去度假，那就去吧。如果你在路上发现你不想去，那就不去好了。”这是任何人都能做到的最好情形。这使他追求优越时得到了一种满足感。他就像上帝一样，能够做他乐意做的事。另一方面，它很难适合他的生活风格。他想控制、指使别人。如果大家赞成他，就没有指使他人。这条规则是种巨大的解脱，在我的患者中从未有过自杀事件。当然，我们知道，最好的方法是找人照看这种患者，但是我的有些患者没有得到如我期望的密切关注。只要有了观察者，就不会有什么危险。

患者通常会回答："但是我不想做任何事。"我已准备好这个答案，因为我常常听到。"那么就不要做你不喜欢的事。"我说。然而，有时他会回答："我喜欢整天待在床上。"我知道，如果我准许了，他就不再想做了。我也知道，如果我阻止他，他就会发起一场战争。我总是赞同他。

这是一种规则。另一种对他们生活风格的攻击更加直接。我告诉他们："如果你服了这个处方，你就能在十四天内治愈。努力想想每天你都如何取悦某个人。"看看这对他们意味着什么。他们专心思考："我怎样才能使某个人烦恼呢?"答案非常有意思。有些人说："这对我非常容易。我一辈子都这么干的。"他们从来没有这么做。我要求
260 他们仔细考虑下。他们没有考虑。我告诉他们："当你无法入睡时，你可以利用这段时间，好好想一下你怎么才能取悦某个人。这样，你的健康就会前进一大步。"当我第二天见到他们时，我问他们："你们想过我的建议吗?"他们回答说："昨晚我一上床就睡着了。"当然，所有这些对话都在友好、恰当的方式下进行，没有一点优越感的迹象。

别人会回答："我绝不会这么做，我很担心。"我告诉他们："不要停止担心，同时你现在也要想想别人。"我想引导他们的兴趣指向他们的同伴。许多人说："我为什么要取悦别人呢？别人都不想让我高兴。""你必须要考虑你的健康。"我回答，"别人以后也会遇到。"我发现一个患者说："我已考虑过你的建议。"这种情况非常少见。我所有的努力都在致力于增加患者的社会兴趣。我知道他患病的真正原因在于缺乏合作，我想让他也明白这一点。一旦他在平等和合作的基础上将自己和同伴发生关联，他就痊愈了。

另一种明显缺乏社会兴趣的例子是所谓的"过失犯罪"。有个人扔掉一只点燃的火柴，引起一场森林大火。又如，在最近的一个案例中，有个工人下班回家时，把一条电缆横放在路上，结果一辆机动车

撞上了电缆，乘客都死了。不论在哪个案例中，个人都无任何害意。在道德层面上，他似乎对实际灾难并没有罪恶感。但是他没有受过为别人着想的训练，他自然不会采取措施保护他们的安全。在衣衫不整的孩子身上，以及在站在别人脚上，摔破餐具，或者撞倒壁炉架上装饰品的人身上，我们都看到同一种对更高程度的合作的缺乏。 261

对同伴的兴趣可以在家中和学校里得到训练。我们已看到哪些障碍会妨碍孩子的成长。也许，社会情感不是一种遗传的本能，但是社会情感的潜能是遗传得来的。这种潜能根据母亲的技能、她对孩子的兴趣，以及孩子自身对环境的判断而形成。如果他觉得别人有敌意，如果他受到敌人的包围，使他四面受困，我们就无法期望他交到朋友，做别人的好朋友。如果他觉得别人应该做他的奴隶，他就不希望对别人有所贡献，而去控制他们。如果他对自己的感觉、身体刺激以及身体不适有兴趣，他就会切断自己与社会的联系。

我们已经清楚，怎样才能让孩子最能觉得自己是家中平等一员，并对其他成员产生兴趣。我们也已看到：父母自身应该成为彼此的好朋友，在外面世界也应拥有友好亲密的友谊。这样，他们的孩子才会觉得在家庭之外也有值得信任的人。我们也看到，在学校里，孩子应该觉得自己是班级的一分子，是其他孩子的朋友，能够依赖他们的友谊。家庭和学校中的生活都为更大的整体目标做着准备。它们的目标是教育孩子成为健全的公民，成为全人类的平等一员。只有在这些情
形下，他才能保存自己的勇气，处理生活问题也不紧张，并为它们找 262
到增加别人幸福的方法。

如果他能成为所有人的好朋友，以有用的工作和幸福的婚姻对他们有所贡献，他就不会觉得自己不如别人，或被他们打败。他会觉得个世界是一个友善的地方，而他会遇到自己喜欢的人，并能应对所有困难。他会觉得：“这个世界就是我的世界。我必须行动起来，组织起来，而不能等待和期盼。”他完全相信现在只是人类历史中的一段

时光，他属于整个人类历程——过去、现在和未来。但是他也觉得这是一个他可以完成创造性任务，对人类发展有所贡献的时代。诚然，在这个世界上还有许多不幸、困难、偏见以及灾难，但是这是我们的世界，它的优点和缺点都是我们自己的。这是我们要在其中工作和改善的世界，我们也希望如果有人以正确的方式从事他的工作，他就能尽自己的力量改善它。

担负起他的工作就意味着以一种合作的方式，担负起解决三个生活问题的责任。我们对一个人的所有要求，以及给予他的最高赞扬，就是他应该成为一个良好的工作者、别人的朋友、爱情和婚姻中的真正伴侣。如果我们要简要说明的话，那么我们可以说，他应该证明自己是人们的同胞。

第十二章 爱情与婚姻

在德国的某个地区有种古老的习俗，测试一对订婚的情侣是否 263
能一起适应婚姻生活。在结婚典礼之前，新郎和新娘被带到一块空地上，那儿有棵被砍倒的树。他们拿到了一把两端都有把手的锯子，开始行动把树锯为两段。从这个测试中可以看到他们愿意相互合作的程度。这是两个人的任务。如果两人之间没有信任，他们就会相互拖后腿，什么也完不成。如果其中有一人想独领风头，独自做每件事，那么即使另一个不放弃，他们的工作也将会事倍功半。他们必须都要主动，而且他们的主动还要结合在一起。这些德国村民已经认识到合作是婚姻的主要先决条件。

如果有人问我爱情和婚姻是什么，我会给出如下定义，虽然它可能不完整：

“爱情，及其结果，婚姻，是对异性伴侣最亲密的奉献，它表现在身体的吸引、同仁般的友谊，以及决定拥有孩子等方面。它很容易体现出爱情和婚姻是合作的一面——不仅是为了两个人幸福的合作，而且是为了人类的幸福。”

爱情和婚姻是为人类幸福而合作的这种观点，阐明了问题的方方 264
面面。即使人类所有努力中最重要的身体吸引，也已成为人类最必要的一种发展。正如我常常解释的，有器官缺陷的人没有完全准备好生活在这个贫瘠的地球表面上。保存人类生命的主要方法就是繁衍，因此这也就是我们的生殖能力以及对身体吸引的持续努力。

在我们这个时代，我们发现爱情问题中出现了种种困难和纠纷。结了婚的夫妻面临着这些问题，父母们要关心他们，整个社会也牵涉进来。因此，如果我们正设法达成一个正确的结论，我们的方法就必须完全没有偏见。我们必须忘记我们已学到的，努力进行研究，应该尽我们所能不让其他思考干扰完全自由的讨论。

我的意思不是说，我们能够把爱情和婚姻问题当作一个完全孤立的问题来判断。人类绝不会以这种方式获得完全自由：他绝不能凭着个人想法找到问题的解决方法。每个人都受到固定联结的约束。他的成长在一个固定的框架中进行，他必须使自己的决定符合这个框架的要求。这三种主要联结由以下事实设定：首先，我们生活在宇宙中一个特殊的地方，我们必须在环境给我们设置的种种限制和可能性下发展；其次，我们生活在同类之中，我们必须学会使自己适应他们；最后，我们生活在两性之间，我们种族未来的发展取决于两性之间的关系。

265 我们很容易理解，如果一个人对同伴以及人类的幸福感兴趣，那么他做的每件事就会受到同伴兴趣的指引，如若别人的利益牵涉进来，他就要设法解决爱情和婚姻问题。如果你问他，那么他也许无法对他的目标给出一个科学的解释。但是他会自发地寻求人类的改善和幸福，这种兴趣在他的所有活动中都可以见到。

还有许多人不那么关心人类的幸福。他们不把“我对同伴有什么贡献”，“我作为整体的一部分如何适应”作为他潜在的生活观，反而会问：“生活有什么用？我能得到什么？我要为它付出什么？别人为我想过吗？我得到过适当的欣赏吗？”如果这种态度隐含在个人处理生活方法之中，他就会以同样的方式解决爱情和婚姻问题。他总会问：“我能从中得到什么？”

爱情不像一些心理学家所认为的是一种纯粹自然的事情。性是一种驱力或者一种本能，但是爱情和婚姻问题并不是我们如何满足这种驱力那么简单。不论我们怎么看，我们都会发现我们的驱力和本能得到发展、培养和改善。我们已经压制了我们的一些欲望和倾向。就我们的同伴而言，我们已学会如何不去惹恼他们。我们已学会如何装扮自己，如何整洁干净。即便是饥饿，也不仅仅是一种自然的发泄。我们在饮食这一方面已培养出一定的品味和方式。我们的驱力已完全适应我们的共同文化。它们都反映了我们已学会的，为人类的幸福以及 266
为社会生活所作出的努力。

如若我们把这种理解应用到爱情和婚姻问题中，我们就会再次看到，对整体的兴趣以及对人类的兴趣总会牵涉进来。这种兴趣是最基本的。在我们明白这些问题只有在把人类的幸福作为一个整体加以考虑才能得到解决之前，讨论爱情和婚姻的任何一方面，提出补救措施、改变方法、制定新规则等，都是没有什么益处的。也许我们会改进，也许我们会找到问题的完整答案，但是如果我们找到了更好的答案，那么它们之所以更好，是因为它们更周全地考虑了，我们生活两性之中，在这个地球的表面上必须和别人联系。直到我们的答案已经考虑了这些情况，其中的真理才会永远屹立不倒。

当我们使用这种方法时，我们在爱情问题中的最初发现是，这是两个人的任务，对许多人而言，这一定是全新的任务。在一定程度上，我们已受到独自工作的教育；在一定程度上，我们还受到在团队中或者在团体中工作的教育。我们通常很少有成双成对工作的经验。因此，这些情形增加了困难。但是如果这两个人都对同伴感兴趣，那么解决困难会更加容易，这样一来他们也就更容易学会对彼此感兴趣。

我们甚至可以说，为了完全解决这种两个人的合作，每一个伴侣
对另一方的兴趣一定要胜过自己。这就是爱情和婚姻可以成功的唯一 267

基础。我们已经能够看到，有关婚姻的许多看法和改良它的建议是多么的错误。如果每一个伴侣对另一方的兴趣都胜过自己，那么他们之间肯定有平等存在。如果之间有种亲密的奉献存在，那么双方都不会觉得屈从别人或者相形见绌。如果双方都怀有这种态度，那么平等才有可能存在。每个人都要努力让另一个人的生活轻松并丰富起来。这样，每个人才会有安全感，才会觉得自己有价值，才会觉得自己被需要。我们在此发现婚姻的基本保证，以及在这种关系中幸福的基本含义。这种感觉就是：你有价值，你不能被取代；你的伴侣需要你，你表现得很好；你是同胞，是真正的朋友。

在一项合作任务中，是不太可能让一个伴侣接受从属地位的。如果一个人想控制并迫使另一个服从，两个人就无法富有成效地生活在一起。实际上，在我们现今的情况下，许多男人和女人都认为，男人的作用是支配、控制、扮演领导的角色、做主人。这就是我们为什么有这么多不幸婚姻的原因。没有人能够不愤怒、不厌恶，就忍受卑微的地位。人们必须相互平等，当人们相互平等的时候，他们才会找到解决他们困难的方法。比如，他们会在生儿育女的问题上达成一致。他们清楚，不生育的决定包含了自己对人类未来的承诺。他们会对教育问题达成一致。当他们遇到问题，他们就会受到激励以解决他们的
268 问题，因为他们清楚，不幸婚姻中的孩子会吃苦，无法良好地成长。

在我们现今的文化中，人们通常都没有准备好合作。我们的训练大多指向个人的成功，注重考虑我们从生活中得到了什么，而不去想我们给予了多少。我们很容易理解，当两个人以婚姻要求的亲密方式住在一起时，合作中的失败以及无法对别人感兴趣，都会造成严重的后果。绝大多人都是第一次体验这种亲密的关系。他们不习惯考虑另一个人的兴趣、目标、愿望、希望以及理想。他们没有为共同任务的问题做好准备。我们不必对在我们周围看到的诸多错误感到惊讶，但是我们可以检查这些事实，学会在将来避免这些错误。

没有以前的训练，就不会处理成年人生活中的危机。我们总是按照我们的生活风格作出种种反应。婚姻的准备并非一日之功。在一个孩子典型的行为中，在其态度、想法和动作中，我们都能看到他如何为成年人的情境训练自己。在这些主要特征中，他处理爱情的方法在五六岁时就已确立。

我们可以从孩子的早期发展中看到，他已经对爱情和婚姻形成了自己的看法。我们不应设想，孩子会表现出成年人意义上的性冲动。他只对平常社会生活中的某一方面作出决定，他觉得自己是其中的一部分。爱情和婚姻都是他环境中的种种因素：他进入了自己对未来的想法中。他必须对它们有所了解，对这些问题采取一定的立场。当孩 269
子很早就已显现出对异性的兴趣，并选择他们自身喜欢的同伴时，我们绝不应把它当作一种错误、一种无知，或者一种性早熟的影响。我们更不要嘲弄它或者取笑它。我们应把它作为迈向为爱情和婚姻做好准备的一个步骤。我们不仅不要嘲笑它，而且要赞成孩子的看法。爱情是一项不同寻常的任务、一项他们应该准备好的任务、一项代表整个人类的任务。因此，我们才能在孩子心中灌输一种理想。在以后的生活中，孩子们能够把彼此作为准备就绪的同仁以及亲密奉献的朋友。孩子们自然而然地成为一夫一妻制的忠实拥护者。观察到这一点很有启示意义，尽管他们父母的婚姻并不总是和谐、幸福，但这种情况却经常发生。

我从来都不鼓励父母们在生活中太早解释身体上的性关系，或者解释比孩子们想了解得更多的知识。你能够了解，一个孩子看待婚姻问题的方式非常重要。如果他以错误的方式接受教育，他就会把它们视为一种危险或者某些完全不能及的事。根据我的经验，在四岁、五岁或者六岁的早期生活中便已了解成人关系的孩子，以及早熟的孩子，在以后的生活中会更害怕爱情。身体上的吸引对他们而言也暗示了危险的想法。如果一个孩子更加成熟了，当他有了初次解释和经验 270

后，他就不那么害怕了：理解了正确关系之后，他犯错的机会就会少很多。帮助的关键绝不是对孩子撒谎，回避问题，要了解问题背后是什么，而是向他解释他想了解的、我们确信他理解的事情。非正式的、有干扰的知识会造成巨大的伤害。这个生活问题和其他问题一样，最好让孩子自己独立，以自己的努力学到他想要了解的事情。如若他和父母之间相互信任，他就不会受到伤害。他总会问他需要了解什么。有种普遍的迷信说法认为，孩子受到同伴的唆使而被误导。我还没见过一个孩子在其他方面都很健康，但在这一方面却受到伤害。孩子们不会轻信同伴告诉他的每件事：他们大多都很有鉴别力，如果他们不确定所听到的是真实的，他们就会问他们的父母或者兄弟姐妹。我也必须承认，我经常发现孩子们对这些事比他们的长辈更敏感、更机智。

甚至是成年生活中的身体吸引也已在童年时期受到训练，包括孩子得到的关于同情和吸引的印象，以及当时环境中异性给他的印象——这些都是身体吸引的开始。当一个男孩从他的母亲、姐姐或者身边女孩获得这些印象时，他在以后生活中选择身体吸引的类型就会受到早期环境中这些成员的相似性的影响。有时他也受到艺术创造的
271 影响：每个人在这方面都受到个人审美观的驱使。因此，广义上而言，个人在以后的生活中不再有自由的选择，而只有一种沿着自己训练路线的选择。这种对美的追求并不是一种毫无意义的追求。我们的审美情绪总是以对人类的健康和进步的感觉为基础的。我们所有的功能、所有的能力都在这个方向上形成。我们无法逃避它。我们把那些看起来永恒不朽的事物。以及对人类未来和人类利益有用的事物，都称为美丽的事物。我们希望我们的孩子在此方向上成长。这就是不断驱使我们前进的美。

有时如果一个男孩与母亲在一起体验到困难，女孩与父亲在一起也体验到困难（如果婚姻中的合作不牢固，这种情况就会经常发生），

那么他们会寻找相反的类型。例如，假如男孩的母亲对他絮絮叨叨，威吓他，他又很软弱，害怕被支配，那么他会寻找那些看起来不支配人的、有性吸引力的女性。他会很容易犯错：他会寻找顺从他的伴侣，但幸福的婚姻是需要平等相待的。有时，如果他想证明自己强大有力，他就会寻找看起来强大的伴侣，也许是因为他喜欢强壮，也许是因为他发现在更具有挑战性的事情上面才能证明自己强大。假如他与母亲的意见很不一致，他对爱情和婚姻的准备就会受到阻碍，甚至对异性的身体吸引也会受到限制。这种阻碍的程度有许多种，最厉害的是他完全排斥异性，变成性变态。

如果父母的婚姻和谐美满，那么我们准备得更好。孩子们从父母 272
的生活中获得了婚姻是什么样的最早印象。无须惊讶，生活中的大量失败者都是来自婚姻破裂以及生活不幸福的家庭中的孩子。如果父母自身无法合作，那么他们不可能教育他们的孩子合作。我们常常通过了解一个人在正常的家庭生活中是否受过训练，以及观察他对父母和兄弟姐妹的态度，来考虑他是不是适合结婚。最重要的因素是他在何处得到他为爱情和婚姻所做的准备。然而，我们必须在这一点上谨慎小心。我们知道，决定一个人的并不是他的环境，而是他对环境的评估。他的评估是很有用的。有可能他在父母家中有过非常不幸福的家庭生活经历，但这也许会激励他在自己的家庭生活中做得更好。他可能会为婚姻努力做好准备。我们绝不能因为他有过一段不幸的家庭生活，而对他作出评判，或者拒绝他。

最糟糕的准备是，一个人总在寻求个人的兴趣。如果他在这方面受过训练，那么他会一直思考他能从生活中得到什么快乐或者兴奋。他总在要求自由和解脱，从来不考虑如何使伴侣的生活轻松并且丰富起来。这是一种不幸的方法。他把自己比喻为缘木求鱼的人。这不是一种罪过，但却是一种错误的方法。因此，在准备对爱情的态度的时
候，我们不应该总是寻找逃避责任的动机和方法。如果爱情里含有犹 273

豫和怀疑，那么爱情就不会牢固。合作需要有永恒的决心。我们只把那些含有固定不变的决心的结合，作为爱情和婚姻的真正例子。在这个决定中，还包含了我们生儿育女，教育他们，训练他们合作，尽我们所能让他们成为健全的公民，以及真正平等、负责任的人类一分子。良好的婚姻是我们培养人类未来一代的最佳途径，婚姻都应该遵照这一点。婚姻其实是一项任务，它有自身的规则和法则。我们不能选择其中一部分，逃避其他部分，而又不破坏地球表面的永恒法则——合作。

如果我们把责任限制在五年内，或者认为婚姻是一段试验期，就不可能拥有真正亲密的爱情奉献。如果男人或者女人都在冥思苦想这种逃避，他们就不会为这项任务聚集自己所有的能量。在任何一项严肃而又重要的任务中，我们都不能安排这样一种“逃避”。我们无法去爱，而且要受到限制。所有试图从婚姻中寻找解脱的善良好心的人们，都走上了错误的道路。他们预想的解脱会限制并且伤害夫妻双方的努力。他们会更容易找到方法，放弃他们已决定在这项任务中要进行的工作。我知道在我们的社会生活中有许多困难，它们妨碍了人们以正确的方式解决爱情和婚姻问题，即便他们想解决，也是无可奈
274 何。然而，我们却不能因此舍弃爱情和婚姻，我们要解决社会生活中的困难。我们知道情侣关系需要哪些特征——忠诚、真实、可靠、不保留、不自私等等。你可以理解，如果一个人整天疑神疑鬼，他就不适合结婚。如果伴侣双方都同意保持自己的自由，那么也不可能实现真正的友谊。这不是友谊。在友谊里，我们在任何方面上都不自由。我们受到合作的约束。

下面，让我举个例子加以说明：私人协定如何无益于婚姻的成功或者人类的幸福，并且还会伤害伴侣双方。

我记得一个案例，一个离过婚的男人和一个离过婚的女人结了婚。他们都是教养良好、很聪明的人，都非常希望新的婚姻会比上次

更好。然而，他们不知道他们的初次婚姻是怎样走向破灭的。他们在
寻找一种正确的方式，而没有看到所缺乏的社会兴趣。他们声称自己
是自由思想者，他们希望有一个简单的婚姻，绝不再冒互相厌烦的风
险。因此，他们建议，每个人在任何方面都有完全的自由。他们可以
做自己想做的任何事，但是却要彼此足够信任，告诉对方发生的任何
事。在这一点上，丈夫似乎更加勇敢。每当他回家时，他都有许多风
流韵事告诉妻子，她也似乎极大地沉浸在其中，对丈夫的成功非常自
豪。她也一直想开始一段艳遇或者一段爱慕关系，但是在她跨出第一 275
步之前，她就患上了广场恐怖症。她不再能独自外出，她的神经症使
得她只能待在自己的房间里。如果她跨出房门一步，就会担惊受怕，
不得不退回去。这种广场恐怖症是对她所做决定的一种保护，但是还
不仅如此。最终，因为她无法独自出去，所以她的丈夫只好待在她的
身边。你会看到婚姻的逻辑如何打破了他们的决定。丈夫不再是个自
由思想者，因为他必须陪伴他的妻子。她自身不会运用自己的自由，
因为她害怕独自出去。如果这个妇女想治愈自己，那么她要对婚姻有
更好的理解，她的丈夫也要把它当作一项合作任务。

其他的错误在婚姻的一开始就会造成。在家里得宠的孩子常常觉得自己在婚姻中受到忽视。他没有受过使自己适应社会生活的训练。得宠的孩子在婚后可能成为暴君；而他的伴侣则会感受到伤害，觉得自己在笼子里，开始反抗。当两个受宠的孩子结婚在一起，观察他们之间会发生什么一定很有趣。每个人都需要兴趣和关注，但是没有人满意。下一步就是寻求逃避，其中一人开始与别人勾勾搭搭，希望获得更多注意。有些人无法只和一个人谈恋爱，他们必须同时和两个人坠入爱河。这样他们才觉得自由。他们可以从一个人逃到另一个人那儿，且绝不会对爱情负完全责任。但脚踏两只船意味着一无所有。

还有人虚构了一种浪漫的、理想的又难以达到的爱情。他们因此
就沉醉在自己的感觉里，而无需在现实中接近伴侣。崇高的爱情理想 276

可能会排除所有可能性，因为我们发现没有人能做到这一点。许多人，特别是女性，由于成长中的错误，已经训练自己去讨厌并且排斥自己的性别角色。她们妨碍了自己的自然功能。不经过治疗，她们在身体上就无法实现美满的婚姻。这就是我所称的“男性抗议”。在我们现今的文化中，由于对男性作用的过分强调，人们才会轻易地产生这种认识。如果孩子们被遗弃，怀疑自己的性别角色，那么他们很容易感到不安全。一旦男性角色被认为是主要角色，不管他们是男孩还是女孩，很自然就会觉得男性角色令人羡慕。他们会怀疑自己扮演这种角色的能力，过分强调男性的重要性，并设法避免受到考验。在我们的文化中，这种对性别角色的不满非常普遍。在所有女性性冷淡和男性心因性性无能的案例中，我们都怀疑它的存在。这些案例都是对爱情和婚姻的抵抗，这种抵抗都处于正确的位置。除非我们真正有男女平等的感觉，否则就不可能避免这些问题。只要有一半的人类有理由对其相应的地位不满，那么婚姻的成功会依然拥有巨大的障碍。治疗的方法在此就是对平等的训练。我们绝不能允许孩子对自己未来的角色模糊不清。

我认为，在婚前没有发生性关系，爱情和婚姻的亲密奉献就会得
277 到最佳保证。我已经发现，绝大多男人认为，如果情人在婚前献出了自己，他们私底下就不会真正喜欢这些情人。有时他们认为这是一种放荡的信号，并会感到震惊。而且，在我们文化的现状中，如果婚前有了亲密关系，女孩的负担就会沉重很多。如果缔结婚姻是出于恐惧，而不是勇气，那也是一种巨大的错误。我们可以理解，勇气是合作的一个方面。如果男性和女性出于恐惧而选择伴侣，那么这会是他们不希望真正合作的一个信号。当他们选择酒鬼或者社会地位和教育程度都较低的人作为伴侣时，情形也会如此。他们害怕爱情和婚姻，并希望建立一种伴侣尊重他们的情境。

训练社会兴趣的方法之一便是友谊。我们从友谊中学会以另一个

人的经验观看，以另一人的耳朵聆听，以另一人的心灵感受。如果一个孩子受到挫折，如果他总受到监视和保护，如果他孤孤单单地长大，没有同伴和朋友，他就不会发展出将自己与别人区分开来的能力。他总认为自己在这个世界上最重要，总急于保护自己的利益。对友谊的训练是为婚姻做的一种准备。如果游戏被认为是一种合作训练，那么它会很有用。但是在儿童的游戏中，我们也常常发现竞争和对超越的渴望。营造两个孩子一起学习、读书和工作的情境非常有用。我认为，我们不应该低估舞蹈的价值。舞蹈是一种两个人一起完成一项共同任务的活动。我认为，舞蹈训练对孩子很有好处。我并不是指当表演多于共同任务的舞蹈。然而，假如我们有为孩子准备简 278
单、容易的舞蹈，对他们的发展则会有巨大的帮助。

另一个有助于向我们说明为婚姻做好准备的问题是职业问题。如今，这个问题的解决必须置于爱情和婚姻问题解决之前。伴侣一方，或者双方都必须有职业，这样他们才能挣钱养家。我们可以理解，对婚姻的正确准备也包括对工作的正确准备。

一个人和异性接触时，我们总能发现其勇敢的程度，以及合作能力的程度。每个人都有其特有的方法、特有的策略以及示爱的气质。这都与他的生活风格相一致。在这种恋爱气质中，我们可以看到他是否对人类的未来点头称是，是否有信心，是否会合作，或是否只对自己有兴趣，是否有些怯场，并用如下的问题责问自己："我将扮演什么角色？他们怎么看待我？"一个男人在求爱的时候可能会谨慎小心，也可能冲动鲁莽。无论如何，他的恋爱气质总要适合他的目标和生活风格，而且只是它的一种表达而已。我们不能完全由一个人的求爱表现来判断他是否适合结婚，因为此时他面前有个直接目标，但他在其他方面可能会优柔寡断。然而，我们仍可以从中得到其人格的确切迹象。

在我们自身的文化条件下（也只有在这些条件下），人们通常都
期望一个男人应该最先表达爱慕之意，应该走出第一步。因此，只要 279

这种文化要求存在，就有必要在男性态度上训练男孩子——主动、不犹豫、不寻求逃避。然而，只有他们觉得自己是整个社会生活的一部分，并接受其利弊为己所有的时候，他们才会得到训练。当然，女孩和妇女也参与求爱，她们也积极主动。但是在我们流行的文化条件下，她们不得不更加保守，她们的求爱体现在她们整个的容貌姿态，穿着的方式，以及观看、讲述和聆听的方式中。因此，一个男人对异性的接触可以说是更简单、更肤浅，而女人的则更深沉、更复杂。

现在，我们可以做更进一步的探讨了。对另一半的性吸引是很有必要的，但是它应该沿着为人类造福的方向来塑造。如果父母真正对彼此感兴趣，就绝不会有性吸引终结的困难。这种终结意味着缺乏兴趣。它告诉我们，这个人不再觉得他的伴侣友好和合作，不再希望丰富伴侣的生活。人们有时会认为，兴趣持续下去了，但是吸引力却终止了。然而，这绝对不正确。有时嘴巴会撒谎，大脑也会不理解，但是身体的功能却会讲出真话。如果功能有缺陷，就会出现两个人之间没有真正意见一致的情况。他们失去了对彼此的兴趣，至少其中有一个人不想解决生活和爱情的问题，而只寻求借口逃避。

从某种程度上讲，人类的性驱力与其他物种的性驱力有差别。它
280 是持续不断的。这是人类幸福和延续性得到保证的另一种方式。这是人类繁衍，绵延，保护自己的利益，并以巨大的数量生存的一种方式。其他的生物都采用其他方法保全它们的生命：例如，我们在许多物种中都发现雌性动物孵化了很多蛋，其中有许多消失了或者毁坏了，但是有很多仍安然无恙，并一直生存着。对于人类而言，生儿育女也是一种生存的方法。因此在爱情和婚姻这个问题上，我们发现那些最能够自发地关心人类幸福的人，都是最想要孩子的人。那些有意识或无意识对同伴不感兴趣的人，都会拒绝生儿育女的负担。如果他们总是索取和期待，而不给予，他们就不喜欢孩子。他们只关心自己，他们认为孩子是一种麻烦、一种妨碍、一种阻止他们对自己感兴

趣的事物。因此，我们可以说，为了完满解决爱情和婚姻问题，做生儿育女的决定是很有必要的。美满的婚姻是我们所知的养育人类未来一代的最佳方法，婚姻应该永远持有这种观点。

在我们实际的社会生活中，爱情和婚姻问题的解决方法就是一夫一妻制。这种关系要求亲密奉献以及对另一个人感兴趣，要开始这种关系的任何人都不能动摇其基础，而寻求逃避。我们也知道这种关系
存在破裂的可能性。遗憾的是，我们不能总躲开它：如果我们认为婚 281
姻和爱情是一种我们要面对的社会任务、一种我们期望解决的任务，它就最容易避免。我们要尝试每种方法来解决这个问题。这些破裂通常会发生，是因为伴侣双方都没有聚集他们所有的能量：他们不会经营婚姻，只等着收取某些东西。如果他们以这种方式面对问题，那么他们当然会在其面前失败。把爱情和婚姻视为天堂是一种错误，把婚姻看作故事的结束也是一种错误。当两个人结婚时，他们的关系就正式开始了。在婚姻里他们要面对真正的生活任务，为社会利益创造真正的机会。另一种观点，即把婚姻视为一种结束或者一种最终目标的观点，在我们的文化中非常流行。比如，在许多小说中，我们会留下这样的印象：一个男人和一个女人一结婚，就一切都圆满了。然而，这种情形常常被认为是好像婚姻本身已圆满解决了一切问题：好像他们的工作已经结束了。另一个要意识到的重要观点是：爱情本身不会解决一切问题。爱情有许多种，最好是依靠工作、兴趣和合作来解决婚姻问题。

在这整个关系中，并没有什么不可思议的事。每个人对待婚姻的态度都是其生活风格的一种表述：如果我们了解了整个人，那么我们
才能理解它。它与他所有的努力和目标都一致。因此，我们应该能够 282
发现，为什么如此多的人总在寻找解脱和逃避。我可以准确地说出有多少人抱有这种态度：所有这些人依然都是受宠的孩子。这是我们社会生活中一种危险的类型——那些长大了的受宠孩子的生活风格，在

生命的最初四五年已经固定下来，并总是持有这种统觉图式：“我能得到我想要的吗?”如果他们不能得到他们想要的一切东西，他们就认为生活毫无意义。“如果我不能拥有我想要的，”他们会问，“那么生活有什么用呢?”他们变得悲观：他们构想出死的愿望。他们使自已得病，成了神经症患者，并从自己的生活风格中构建出一套哲学。他们觉得自己的错误想法独一无二且非常重要：他们觉得如果他们必须要抑制自己的驱力和情感的话，那么就宇宙而言这只是一点点愤怒。他们以这种方式经受训练。他们曾经体验过一段美好的时光，那时他们得到了所有想要的东西。也许其中有些人仍然觉得，如果他们哭得够久，如果他们抗议足够，如果他们拒绝合作，他们就会如已所愿。他们不顾及生活的前后相连，只考虑自己的个人利益。结果便是他们不想有所奉献，他们总想轻易得到，他们不想拒绝任何东西。因此，对婚姻本身，他们只想试一试或者能够随意离婚：在结婚之前，他们就要求自由和不忠的权利。现在，如果一个人真正对另一个人感兴趣，他就必须拥有属于那种兴趣的所有特征。他必须是真实的好朋友；他必须负责；他必须使自己忠实可靠。我相信，没有成功实现这
283 种爱情生活或者这种婚姻的人至少应该明白，他的生活在这一方面已经犯了错。

对孩子们的幸福感兴趣也是很有必要的。如果婚姻不是以我所主张的观点为基础，那么在养育孩子的问题上会产生很多矛盾。如果父母相互争执，视婚姻为儿戏，如果他们不认为婚姻中的问题可以得到解决，他们的关系也能成功持续下去，那么这不是一种帮助孩子与人交往的有利情境。

人们不应该生活在一起，可能有许多理由。有可能在许多情形下，他们最好应该分开。谁能决定这种情形呢?我们要把它交给没有受到适当教育，不了解婚姻是项任务，只对自己感兴趣的人吗?他们应该以看待婚姻的方式看待离婚：“我从中能得到什么呢?”很明显这

些人不是做决定的人。你常常会看到，有人离了婚，一次又一次地再婚，总是犯同样的错误。那么谁应该来做决定呢？也许我们可以想象：如果婚姻中出现了一些问题，精神病学家就应该决定它是否可以破裂。这一点在这儿有些困难。我不清楚美国人的想法是否如此，但是在欧洲我却发现大部分精神病学家都认为个人的利益才是最重要的。因此，通常当他们就这种案例给别人咨询时，他们会建议找个心上人或者情人，并认为这可能是解决问题的方法。我相信：他们会适 284
时改变他们的想法，不再给出这样的建议。在这个问题的整体连贯性上，以及它与这个地球上我们生活中其他任务的结合方式上，如果他们没有受过正确的训练，他们就只能提出这种解决方法。这种连贯性是我一直希望提供给你的，以便引起你的思考。

当人们视婚姻为个人问题的解决方法时，就会犯类似的错误。我在此无法讲述美国的情形，但是我知道在欧洲，如果一个男孩或者女孩得了神经症，精神病学家通常会建议他们找个心上人，或开始发生性关系。他们对成年人也同样如此建议。这实际上使爱情和婚姻变成了纯粹的药，这些人必定会失去很多。婚姻和爱情问题的正确解决方法属于整个人格的最高实现。没有哪个问题比它跟幸福的关系更密切，它是生活中真实又有用的表达。我们不能视之为微不足道的小事。我们也不能把它当作对犯罪、酗酒或者神经症的治疗方法。神经症患者在开始爱情和结婚之前需要接受正确的治疗。如果在他还没有能力正确应对它们之前就接触它们，他就必定会遇到新危险和不幸。婚姻是种崇高的理想，这项任务的解决方法要求我们做太多的努力和创造活动，以便能承受起这些额外的负担。

婚姻在其他方面也指向了不适当的目标。一些人为了经济安全而结婚，或为了可怜别人，或为了得到一个奴仆。婚姻中没有这种玩笑的置身之地。我们甚至还知道，有些人结婚是为了增加自身的困难。 285
也许一个年轻人在他的考试或者未来职业上问题重重，他觉得自己很容易失败，如果他失败了，他希望能原谅自己。因此，他为获得借口，扛起了婚姻这项额外任务。

我认为我们不应该试图轻视或者忽略这个问题，而是要将之置于更高的层次。在我听说的所有提出的救助中，实际上总是妇女承受不利。毫无疑问，在我们的文化中男性所受的约束比较少。这是我们共同方法中的一种错误。个人的反抗无法克服它。尤其在婚姻中，个人的反抗会打乱社会关系以及对伴侣的兴趣。只有认识并改变我们文化的整个态度才能克服这种错误。我的一个学生，底特律的莱塞教授做了一项调查，发现42%的女孩希望自己成为男孩。这意味着她们对自己的性别很失望。当有一半的人失望、沮丧，不满意自己的地位，反对另一半人有更多自由时，爱情和婚姻问题能轻易解决吗？如果妇女们总是期望被忽视，认为自己只是男人的性对象，或者认为男性自然会不忠，那么爱情和婚姻问题还能轻易解决吗？

从以上的说明来看，我们可以得出一个简单明了又有帮助的结论。一夫多妻制或一夫一妻制不是人类生来就有的。然而我们生活在这个地球上，被分为两种性别，必须和我们平等的人们交往的事实，
286 以及必须解决环境以适当的方式给我们设置的三个生活问题的事实，都帮助我们看到，个人在爱情和婚姻中最完美、最高级的发展只有通过一夫一妻制才能得到最佳保障。

索　引

（所注页码为英文原书页码，即本书边码）

图书在版编目（CIP）数据

自卑与超越/（奥）阿德勒（Adler，A.）著；吴杰、郭本禹译．—北京：中国人民大学出版社，2013.8

（西方心理学大师经典译丛/郭本禹主编）

ISBN 978-7-300-17807-3

Ⅰ.①自… Ⅱ.①阿…②吴…③郭… Ⅲ.①个性心理学 Ⅳ.①B848

中国版本图书馆 CIP 数据核字（2013）第 205732 号

西方心理学大师经典译丛

主编 郭本禹

自卑与超越

［奥］阿尔弗雷德·阿德勒 著

吴 杰 郭本禹 译

Zibei yu Chaoyue

出版发行	中国人民大学出版社		
社　　址	北京中关村大街 31 号	**邮政编码**	100080
电　　话	010－62511242（总编室）		010－62511770（质管部）
	010－82501766（邮购部）		010－62514148（门市部）
	010－62515195（发行公司）		010－62515275（盗版举报）
网　　址	http://www.crup.com.cn		
经　　销	新华书店		
印　　刷	运河（唐山）印务有限公司		
开　　本	720 mm×1000 mm 1/16	**版　　次**	2013 年 9 月第 1 版
印　　张	16.25 插页 1	**印　　次**	2024 年 6 月第 9 次印刷
字　　数	205 000	**定　　价**	79.00 元